普通高等教育农业部"十三五"规划教材
全国高等农林院校"十三五"规划教材
面向21世纪课程教材

遗传学
实验指导

第三版

祝水金 主编

U0283122

中国农业出版社
北京

内容简介

　　本教材为高等院校普通遗传学实验教学用书，与《遗传学》(朱军主编，中国农业出版社，2018)和该书的多媒体教材《遗传学》(石春海主编，浙江大学出版社，2015) 配合使用。本教材内容涉及细胞遗传学、微生物遗传学、分子遗传学、数量遗传学和群体遗传学等遗传学分支学科，包括性状分离和连锁、有丝分裂染色体制片、减数分裂染色体制片、染色体显带技术、染色体原位杂交、染色体核型分析与组型分析、基因定位、染色体工程、基因工程、微生物遗传等 26 个实验内容。本教材中验证性实验与综合探索实验并重，适用于高等农林院校大农类专业、综合性大学和师范院校生物类专业的遗传学实验教学，也可作为农业与生物技术领域研究人员和研究生的参考用书。

第三版编写人员名单

主编　祝水金（浙江大学）

参编　肖建富（浙江大学）

　　　　徐海明（浙江大学）

　　　　陈进红（浙江大学）

　　　　陈全家（新疆农业大学）

审稿　朱　军（浙江大学）

第二版编写人员名单

主编　祝水金（浙江大学）

参编　洪彩霞（浙江大学）

　　　　肖建富（浙江大学）

　　　　徐海明（浙江大学）

　　　　俞志华（浙江大学）

审稿　季道藩（浙江大学）

第一版编写人员名单

主编　季道藩（浙江农业大学）

参编　许复华（浙江农业大学）

　　　　俞志华（浙江农业大学）

　　　　郑泗军（浙江农业大学）

　　　　王志宁（浙江农业大学）

　　　　洪彩霞（浙江农业大学）

主审　潘家驹（南京农业大学）

审稿　周毓珍（南京农业大学）

　　　　王顺华（南京农业大学）

第三版前言

遗传学实验是遗传学教学中的重要环节。它的作用在于验证遗传学基础理论，练习遗传学实验技术和分析遗传学实验结果，从而加深理解和掌握遗传学的内容。因此，遗传学教学必须相应地开设一些遗传学实验。1990 年，季道藩教授主编了全国高等农业院校教材《遗传学实验指导》，并作为《遗传学》（第二版，季道藩主编，1989）配套实验用书。2005 年，根据遗传学教学与研究的发展，并为与新编的《遗传学》（第三版，朱军主编，2002）教材相配套，我们编写了《遗传学实验指导》（第二版），在第一版基础上增补了有关细胞遗传学、微生物遗传学和分子遗传学方面的内容，并适当调整和增补了实验室工作规程和仪器使用及保养方法。

遗传学作为生物科学的一门基础学科，涵盖面广，理论性强，又与实际应用紧密联系。自从《遗传学实验指导》（第二版）出版以来，时间又过去了十余年，遗传学与其他学科的渗透性越来越强，对一些遗传学问题的认识越来越深入，遗传学教学、实验技术和方法又有了较大的改进和发展，有必要对第二版教材进行增补和修改。为此，我们认真总结遗传学实验教学经验，对第二版教材进行修订，编写了《遗传学实验指导》（第三版），并由朱军教授担任本教材的审稿人。该教材为同时出版的《遗传学》（第四版，朱军主编，2018）的配套实验用书。

本版教材略去了个别纯粹验证性的实验，将在内容上存在连续性的实验进行了合并，并适当增补了一些有关细胞遗传学、分子遗传学和基因调控方面的实验以及一些新仪器的使用和保养方法，以期能够增进学生学习遗传学实验的兴趣，进一步拓宽学生对于遗传学的知识面，并有利于实验教学的正常开展。由于遗传学教学课时数的限制和各院校教学条件的差异，可根据情况选择开设一些基础性实验；对于一些难度较大、需时较长的实验，可根据具体情况集中时间开设遗传学大实验和设计性实验，也可开设示范性实验。

本教材在编写过程中参考了华中农业大学、南京农业大学和清华大学等兄弟院校提供的《遗传学实验》资料，朱军教授对本教材初稿进行了审阅，并提出了宝贵性意见，谨此一并致谢。同时，我们深切怀念季道藩先生在遗传学教材编写方面所做的开拓性工作，并以此教材纪念季先生逝世 6 周年。

参加本实验教材编写的有祝水金、肖建富、徐海明、陈进红和陈全家，最后由祝水金对书稿进行整理和修改。但由于我们业务水平所限，在实验教材编写中一定还存在不少缺点或错误，请各院校在使用过程中提出意见和批评，以便我们改正和修订。

编者于杭州

2018 年 2 月

第二版前言

  遗传学实验是遗传学教学中的重要环节。它的作用在于验证遗传学基础理论，练习遗传学实验技术和分析遗传学实验结果，从而加深理解和掌握遗传学的内容。因此，遗传学教学必须相应地开设一些遗传学实验。1990 年，季道藩教授主编了全国高等农业院校教材《遗传学实验指导》，并作为《遗传学》（季道藩主编，第二版，1989）配套实验用书。

  遗传学作为生物科学的一门基础学科，涵盖面广，理论性强，又与实际应用紧密联系。近 10 年来遗传学迅猛发展，并与其他学科相互渗透，诞生了一些新兴的边缘学科。随着学科的发展，遗传学的实验技术和方法有了较大的改进和发展。因此，有必要对原《遗传学实验指导》教材进行增补和修改，使学生能及时了解和掌握新的遗传学实验技术和方法。2002 年，根据分子遗传、数量遗传、发育遗传等领域的研究进展情况，由朱军教授主编出版了《遗传学》（第三版）。该书结合了农业生物学和植物、动物遗传育种的实践，系统地介绍了新的理论和分析方法，全面反映 20世纪 90 年代以来遗传学的进展。为了适应遗传学教学的发展，并与新编的《遗传学》（第三版）教材相配套，结合我校遗传学实验的教学经验，我们对原实验指导书进行修订，编写了《遗传学实验指导》（第二版），并由季道藩教授担任本书的审稿人。

  本实验教材包括 25 个实验，其内容安排主要以面向 21 世纪课程教材《遗传学》（第三版）的章节为依据，并适当增补了一些有关细胞遗传学、微生物遗传学和分子遗传学方面的实验，适当压缩经典遗传学实验内容。为了使同学更好地了解遗传学实验室的操作要求和守则，适当调整和增补了实验室工作规程和仪器使用和保养方法，以便做好实验的前后各项工作。同时，为了便于实验材料、药品和仪器用具的准备，另在最后列出 6 个附录，以供参阅应用。由于遗传学教学课时数的限制和各院校教学条件的差异，可根据情况选择开设一些基础实验，对于一些难度较大，需时较长的实验，可根据具体情况集中时间开设遗传学大实验和设计性实验，也可开设示范性实验。

  本实验教材在编写过程中，参考了华中农业大学、南京农业大学和清华大学等兄弟院校提供的《遗传学实验》资料，谨此致谢。实验教材初稿完成后，曾请浙江大学朱军教授等审阅，他们提出许多宝贵意见，在此谨致谢意。

参加本实验教材编写的有祝水金、洪彩霞、俞志华、肖建富、徐海明。最后由祝水金对全稿做了整理和修改。但由于我们业务水平所限，在实验教材编写中一定还存在不少缺点或错误，请各院校在采用过程中提出意见和批评，以便改正和修订。

编者于杭州

2004 年 11 月

第一版前言

    遗传学实验是遗传学教学中的重要环节。它的作用在于验证遗传学基础理论，练习遗传学实验技术和分析遗传学实验结果，从而加深理解和掌握遗传学的内容。因此，遗传学教学必须相应地开设一些遗传学实验。本实验教材是在总结多年来开设遗传学实验教学的基础上，广泛吸取兄弟院校遗传学实验的宝贵经验，并参阅有关文献资料，进一步整理编写而成的。

    本实验教材包括 22 个实验，其内容安排主要以全国高等农业院校教材《遗传学》的章节为依据，并适当编写了一些有关细胞遗传学、微生物遗传学和分子遗传学方面的实验。为了使同学了解遗传学实验室的操作要求和必要的守则，首先编写了实验室工作规程一章，以期认真做好实验前后的各项工作。同时，为了便于实验材料、药品和仪器用具的准备，另在最后列出 5 个附录，以供参阅应用。由于遗传学教学时数的限制和各院校教学条件的不同，对于本教材所列实验内容，一般只需开设其中一些基础实验，对于一些难度较大、需时较长的实验，可根据具体情况集中时间开设遗传学大实验，或进行示范实验。

    本实验教材在编写过程中，先后承吉林农业大学、内蒙古农牧学院、北京农业大学、河南农业大学、华中农业大学、南京农业大学、江苏农学院、四川农业大学、湖南农学院、华南农业大学等兄弟院校遗传育种教研组提供他们编印的《遗传学实验》资料，对于编写助益良多，谨此致谢。实验教材初稿完成后，曾请南京农业大学作物遗传育种教研组潘家驹等审阅，提出许多宝贵意见，亦在此谨致谢意。

    参加本实验教材的编写者有俞志华、郑泗军、王志宁、洪彩霞。最后由季道藩、许复华对全稿做了整理和修改。但由于我们业务水平所限，在实验教材编写中一定还存在不少缺点或错误，请各院校在采用过程中提出意见和批评，以便改正和修订。

编　者

1990 年 11 月

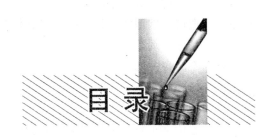

目录

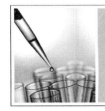

遗传学实验的操作规程

1　遗传学实验室工作规程

遗传学实验是遗传学教学过程中的重要环节之一，现代遗传学实验包括普通遗传学、细胞遗传学、数量遗传学和分子遗传学等内容。为了使实验能够正常进行和获得正确的结果，避免在实验中发生差错和意外事故，实验者必须严格遵守实验室工作规程，规范实验操作，认真完成实验。

1.1　基本规则

①实验者实验前必须预习实验指导书，明确本次实验的目的、原理、内容和方法，并做好实验前的准备工作。

②严格遵守纪律，不迟到、早退，不无故缺席。严禁携带与实验无关的物品进实验室。

③实验室须保持安静，按实验指导书和指导教师的要求进行操作，把实验中出现的情况和最后结果详细记录，进行资料整理分析，得出实验结论，完成实验报告。所有实验结果必须实事求是地进行分析，不得弄虚作假。

④实验台、各种仪器和实验用具必须保持清洁整齐；各种化学药品、试剂等必须贴上标签，分门别类，放置在一定位置，便于取用。

⑤为各人（组）配备的实验用品，由各人（组）专用，不得随意调换，公用物品不得取回自己专用。

⑥正确使用各种仪器，切勿将试剂玷污仪器设备，如有玷污须随时擦净。如遇到仪器发生故障，应在教师指导下排除，不得随意拆卸或拨弄，以免损坏。

⑦严格实验操作要求，注意不要把酸、碱等试剂洒落在实验台上，以防腐蚀实验台。使用腐蚀性和有毒药品时，谨防溅入口、眼、鼻和触及皮肤。

⑧取用液体药品时，所用各类量具必须分开，不可混用，用后必须马上冲洗干净。固体药品称量时，先在秤盘上铺垫洁净称量纸，回零后再称。要注意保护秤具，勿受药品的腐蚀，防止药品混合。

⑨用过的酸类、碱类、染料和固体废物等应倒入指定废液缸内，不可直接倒入水槽中。分子遗传实验的废液必须用专门容器回收处理。废酒精、二甲苯等应分别倒入指定的玻璃瓶中，以便回收再用。

⑩实验完毕须做好清洁整理工作，所用的仪器、物品应放还原处。在实验过程中如有损

坏或丢失仪器、用具，应填写报损单，按情况予以登记或赔偿处理。

⑪全班实验结束后，值日生应对实验室全面清理打扫。离开实验室前须切断电源，关好水龙头和门窗。

1.2 实验室安全守则

1.2.1 实验室安全措施

（1）通风橱

部分遗传学实验需用一些有毒的化学物质或可能会释放一些有毒的气体。因此，现代遗传学实验室一般均设计有通风橱。实验室通风橱一侧与排气系统相连，将新鲜空气从开放的一侧抽入通风橱，同时排出污浊的废气。正确使用通风橱，可保障有毒物质不会危害操作人员，实验室其他同学也不会吸入有毒化学物质。通风橱内空气平均流速至少应为 30 m/min，橱内任何一点的最低风速不应小于 20 m/min。使用化学诱变剂的通风橱最低空气平均流速不低于 45 m/min，橱内任何一点的最低风速不应小于 37 m/min。通风橱进风面的大小可用滑动窗进行调节，可用一些指示方法（如测压计、绸缎等）表明空气的流速。为了确保通风橱正常工作，橱前面不应有交叉气流存在，否则会引起橱内空气倒流，使有毒气体从通风橱内逸出。

（2）生物安全橱

现代遗传学实验将越来越多地涉及一些生物毒性物质。生物毒性物质的操作必须在生物安全橱内进行。注意：尽管某些超净工作台可作为生物安全橱使用，但决不可取代生物安全橱。生物安全橱有 3 种类型。

第一种类似于通风橱，在工作面上存在一个向内的气流，因此烟雾不会扩散到房中。"脏"的空气经滤膜过滤后从通风橱中排出，从而防止生物毒性物质污染环境。通风橱内有排气扇通至外面，故化学物质也可在其内操作。

第二种橱又可分为两类：①橱中 70% 过滤后的空气再进入循环，这种类型的生物安全橱不能用于操作腐蚀、易燃或有毒化学品；②橱中 30% 过滤后的空气再进入循环，这种生物安全橱可用于操作适量的化学品和溶剂。

第三种为空气密封橱，并维持在负压条件下工作。这种生物安全橱要求最严格，它们内部有通风循环，进出的空气均经过严格的过滤。

所有种类的生物安全橱均需定期检查（至少每年一次）。如果必须进行去污处理，可将橱封闭后用甲醛熏蒸。还应定期检查滤膜有无漏洞、气流是否适当等。

（3）工作服和手套

染色体制片时经常要用到染料，操作人员应当穿工作服进行操作，以防染料污染衣服造成损失。在处理化学品、刺激物质、放射性物质、有毒溶剂及生物毒性物质时，操作人员必须戴上防护手套。遗传学实验室使用的手套有许多种类，适用于某些物质的手套对另一些物质可能无效。因此，必须根据实验内容可能接触到的物质选用合适的手套。另外，在进行液氮操作时应选用厚实的棉手套，以免冻伤。

（4）护目镜及防护衣

现代遗传学实验常涉及一些放射性物质，针对辐射强度较大的射线，如 γ 射线、X 射线，必须在专门的防护体内进行实验操作；而针对辐射强度稍弱的紫外线，则一般在实验室内进行实验操作。视网膜对紫外线敏感，直接或间接的紫外线照射0.5～24 h会使眼睛产生炎症；而在凝胶成像仪等仪器中直接在强紫外线下观察电泳条带时只要几十秒就会损伤眼睛，时间过长则可造成失明，所以要特别注意。另外，人体皮肤对紫外线较敏感。因此，涉及此类实验的实验室应配备专用的护目镜和防护衣，学生在进行实验时应戴上护目镜，穿上防护衣，以减少暴露。

1.2.2　实验室安全操作注意事项

①对于贵重或精密仪器，必须先详细阅读仪器说明书后方可使用。实验中所用的试剂，应先了解其性质以后再使用。当试剂瓶上的标签字迹不清或标签脱落时，则必须进行检验，否则不得使用。

②在使用有毒物品或易挥发的有毒液体，如氰化钾、氢氟酸、二硫化碳等时，以及在使用易挥发的强酸、氨，或易发生恶臭的物质，如硫化铵、硫化氢铵等时，必须在排气良好的地方或通风橱中进行；在使用易爆品、浓酸和浓碱，以及其他一些有强烈反应性能的物质时，应戴护目镜和手套。

③严禁随意拨动电源、拉接电线。

④有毒液体及浓酸、浓碱等试剂最好用移液枪吸取；用移液管吸取时不得用口吸方式，而必须使用洗耳球或其他类似器具。强酸、强碱溶液均应贮存于磨口瓶中。

⑤易爆物品不得轻易加热，必须经测试其中无氧化剂后方可操作；对盛有易燃、易爆物品的瓶子，不得放在使用煤气或有电热产品的实验室内加热，应放在无火源通风处使用。

⑥对于易燃药品和试剂，应特别小心火源、火花，避免猛烈冲击和震荡，药品应用防爆冰箱贮存。具有腐蚀性的药品放置在橱柜中也要不时开门通风，防止腐蚀性气体损坏橱柜门轴。

⑦各种化学试剂，特别是危险试剂必须由专人保管和贮存。有毒或易爆物品应封闭于铁箱中，由专人保管入册。

⑧易吸水的试剂（如氯化钙、氢氧化钙等）必须严封于有盖的玻璃瓶中，用后宜用石蜡封好；见光即发生变化的试剂（如硝酸银、磺胺剂、四氯化碳等）应保存在棕色玻璃瓶中，放于阴凉的柜、橱中，避免日光直射；在空气中易自燃的金属钾、白磷等，应保存在相应的盛有适当液体的密闭容器中。

⑨必须保证实验室的安全，消防器械和防护器材应处于完善待用状态。

2　常用仪器的使用和维护

2.1　显微镜

显微镜是遗传学实验的重要工具，属于精密的光学仪器。显微镜的种类繁多，用途各异，有单目显微镜、双目显微镜、光学显微镜、相差显微镜、荧光显微镜和倒置显微镜等，其主要结构为光学系统，包括目镜、物镜、集光器、光圈和反射镜等。使用时，将所要观察的标本置于集光器与物镜之间，平行的光线自反射镜折射入集光器，光线经集光器穿过透明的标本进入物镜后，即在目镜的焦点平面形成一个倒像，从实生的倒像射过来的光线，经过目镜上的接目透镜而到达眼球。这时光线又成平行或接近平行，这些平行的光线透过眼球的水晶体，就在视网膜上形成一个直立的实像。

显微镜使用注意事项：

①提取镜箱时，必须右手提镜箱环，左手托箱底，镜箱门朝着胸前一面。取显微镜时，必须右手紧握镜臂，左手托镜底，防止显微镜滑落损坏。

②显微镜取出后，先用软毛刷、纱布拂擦镜身的灰尘污物，缝隙及镜头上的灰尘、纤维等用洗耳球吹去，然后用擦镜纸擦拭物镜和目镜。擦拭时只能顺着一个方向多次擦拭，不能旋转擦拭，最后用细白丝绸把镜头再擦拭一次。

③镜检时，物镜只能由低倍到高倍，在高倍镜下只能用细调螺旋调焦，细心操作，以防压碎玻片，损坏镜头。

④如果发现镜头被药物或脏物污染，应立即用擦镜纸蘸少许二甲苯（以刚湿润纸为度）擦净，并随时用擦镜纸擦干。

⑤用中性树胶封片的标本要风干后再在显微镜下观察，以防物镜沾上未凝固的树胶使物镜无法清洗干净而报废。

⑥显微镜使用完毕后应进行清洁工作。转动物镜使其不要对着聚光镜，并降至最低点，将显微镜放回镜箱，锁上后放回原处。

⑦镜箱内的干燥剂须定期更换。

⑧显微镜必须与化学药物分开放置，严禁混藏。

2.2 解剖镜

解剖镜是遗传学实验的重要仪器之一，基本结构包括镜体，其中装有几组不同放大倍数的物镜；镜体上端安装双目镜筒，其下端的密封金属壳中安装着五角棱镜组；镜体下面安装着一个大物镜，使目镜、棱镜、物镜组成一个完整的光学系统。物体经过物镜作第一次放大，后由五角棱镜使物像正转，再经目镜作第二次放大，使在目镜中观察到正立的物像。镜体架上还有粗调和微调手轮，用于调节焦距。有的解剖镜同时还附有照明用的光源。

解剖镜使用注意事项：

①提取镜箱时，必须右手提镜箱环，左手托箱底，镜箱门朝着胸前一面。取解剖镜时，必须右手紧握镜臂，左手托镜底，防止解剖镜滑落损坏。

②解剖镜取出后，先用软毛刷、纱布拂擦镜身的灰尘污物，缝隙及镜头上的灰尘、纤维等用洗耳球吹去，然后用擦镜纸擦拭物镜和目镜。擦拭时只能顺着一个方向多次擦拭，不能旋转擦拭，最后用细白丝绸把镜头再擦拭一次。

③使用解剖镜时根据观察标本的颜色选用黑白板，以使标本颜色与台板产生较大的反差；选择适当倍数的目镜和物镜，调节焦距进行观察操作。

④如果发现镜头被药物或脏物污染，应立即用擦镜纸蘸少许二甲苯（以刚湿润纸为度）擦净，并随时用擦镜纸擦干。

⑤解剖镜使用完毕后应进行清洁工作。转动物镜使其不要对着聚光镜，并降至最低点，将解剖镜放回镜箱，锁上后放回原处。

⑥镜箱内的干燥剂须定期更换。

⑦解剖镜必须与化学药物分开放置，严禁混藏。

2.3　电热恒温培养箱

电热恒温培养箱用于遗传学实验中动植物和微生物的培养、种子的发芽等，主要由箱体、电热器和温度控制装置组成。其中常用的控温系统是由两片热膨胀系数不同的双金属片组成，当温度升高时，双金属片触点断开，切断电源；当温度降低时，触点接触而接通电路，达到自动控温的目的。

电热恒温培养箱使用注意事项：

①安装电压为 220 V，电流 10 A 以上。

②使用时先将控温旋钮调到"0"位，打开开关；再转动控温旋钮，使其加热指示灯亮，开始加热；观察温度计，当升到所需温度时，再将控温旋钮回调到指示灯灭，停止加热。当加热和停止指示灯交替亮灭时，说明箱内温度已保持恒定。观察 1~2 d，如温度无变化，即可投入使用。

③使用时底部进风孔不能封闭，顶部通风孔打开，箱内物品不能放得过多，以保证空气流通。

④箱底不要直接放实验材料，因为底部有电热丝，温度比箱内其他地方高。如实验材料对温度要求较高，则应对每层的温度状况进行测定。

⑤箱内严禁放易挥发和腐蚀污染性物质。

⑥不用时将电源切断。

2.4　电热恒温水浴锅

电热恒温水浴锅是遗传学实验室常用的设备，主要用于水浴温热、浓缩、蒸馏和组织水解等实验。电热恒温水浴锅是由水槽、电热管及调节器等部分组成。在水槽内浸入一铜管，内有一感温玻璃棒。由玻璃棒的热胀冷缩推动调节器通电或断电，使电热器加热或停止加热。

电热恒温水浴锅使用注意事项：

①使用前必须向水槽内注入适量的水，水面一定要超过电热管。可加入热水，以缩短加热时间。

②使用时先打开电源开关，再转动控温旋钮，使其加热指示灯亮，即开始加热，到所需温度时，令其稳定一段时间，然后再进行有关实验。如果超过所需温度，倒转控温旋钮，指示灯灭，停止加热。当加热和停止指示灯交替亮灭时，说明水浴锅内温度已保持恒定。

③如果所用试样需放入一定溶液中，应先将溶液预热，待达到要求温度后，再将试样放入其中进行实验。

④水槽内铜管中的玻璃棒为调节恒温用，切勿碰撞和剧烈震动，以免调节失灵。用毕排净水槽内的水后再存放。

2.5　电热恒温干燥箱

电热恒温干燥箱与电热恒温培养箱工作原理大致相同。所不同的是干燥箱温度起点高，可调范围大，主要用于干燥、熔蜡、灭菌等，但其温度误差相对较大。

电热恒温干燥箱使用注意事项：

①安装电压为 220 V，电流 10 A 以上。

②使用时先将控温旋钮调到"0"位，打开开关；再转动控温旋钮，使其加热指示灯亮，开始加热；观察温度计，当上升到所需温度时，再将控温旋钮回调到指示灯灭，停止加热。当加热和停止指示灯交替亮灭时，说明箱内温度已保持恒定，可投入使用。

③烘箱内切忌放入易燃易挥发物品，玻璃器皿、金属用具也不能装得太满，棉塞等物不要接触干燥箱壁，避免干燥箱升温后发生燃烧事故。

④当干燥箱温度上升至100℃后，千万不能打开干燥箱玻璃门，以免新鲜空气进入引起燃烧，以及由于剧烈的冷热变化使玻璃器皿爆裂。

⑤使用时底部进风孔不能封闭，顶部通风孔打开，以保证空气流通，鼓风干燥箱使用时，打开鼓风装置，使其箱内温度均匀，缩短干燥时间。

⑥箱底不要直接放实验材料，因为底部有电热丝。

⑦使用时应经常观察其温度变化，严禁晚上无人时使用，以免因电压波动而造成事故。不用时将电源切断。

2.6　切片机

切片机是制作各种组织切片的一种专用精密仪器，一般可分为滑行式切片机和旋轮切片机两种类型。滑行式切片机的夹刀部分是滑动的，而夹物部分是固定的；旋转式切片机则相反，其夹物部分上下移动和前后推动，夹刀部分不动。夹物部分连接着控制切片厚度的微动装置。

切片机使用注意事项：

①将修好的石蜡块固定在已浸蜡的木台上，装紧在夹物部分。

②将切刀装入夹刀部分并夹紧，刀口向上，保持水平，平面刀面向切片机。

③移动刀片固定器，将夹刀部分与夹物部分之间的距离调整好，以石蜡块的表面刚贴近刀口为宜，并调整石蜡块与刀口之间的角度和位置。

④调节切片厚度后进行切片。切片时右手旋转手轮，左手持毛笔或解剖针，将切成的蜡带提取并放在黑蜡光纸上。

⑤镜检切片，以调整蜡片的厚度。

⑥切片机的切刀薄而锋利，使用时须特别小心。刀面上不能有盐分和水渍，以防生锈，每次使用完后要用无水酒精擦洗，并涂上凡士林保存。

⑦磨刀时，先将刀片旋上刀把，在刀面上擦上润滑剂，再在细而致密的黄石或青石上小心来回磨动，并在解剖镜下检查切口的锋利程度。磨好后可在鐾刀布上鐾刀。

2.7　高压蒸汽灭菌锅

高压蒸汽灭菌锅是遗传学及其他生物学实验室必备的实验设备，主要用于生物灭菌，如进口的全自动高温高压蒸汽灭菌锅，它由计算机控温，容量大，使用方便，但价格昂贵。因此国内一般实验室使用的是手提式高压蒸汽灭菌锅。

手提式高压蒸汽灭菌锅使用注意事项：

①先取下锅盖向锅内加3 L左右的清水，以接近锅底坐垫为准，注意加水适量，过多容易溅至消毒物上，过少容易烧干。急用时可加入热水。

②将消毒物品用双层纸包装，内层可用软纸，外层用牛皮纸。不能放得太挤，以免影响

空气流通，影响灭菌效果。

③将锅盖好，注意将与盖连接的软管插入铝篮的半圆形槽内，以使篮内感觉到的压力与压力表相通。注意将锅盖与锅沿之间的橡皮垫扣准，以免漏气。然后旋紧灭菌锅的螺丝。

④接通电源，使其加热。待压力表升至约 49 kPa 时，开放气阀门，放掉锅内的空气，直至见到热气，如不见热气，需放第二次气。放气时用木棒，以免烫伤。

⑤继续加热，使锅内压力达到约 118 kPa，保持 20～30 min。一般情况下超过 147 kPa 时会自动放气，如达到 147 kPa 仍不自动放气，则应关闭电源，使其停止加热。特别要注意的是，手提式高压蒸汽灭菌锅在工作时必须有专人看管，以免因放气阀失灵而发生意外。

⑥灭菌时间到后切断电源，使其自然冷却，或间歇放气数次，至完全减压后才可打开锅盖。

⑦继续灭菌时，先检查并补充水量，再按上述步骤进行灭菌。用完后，将锅内的水倒掉，烘干或晾干保管。

全自动高温高压蒸汽灭菌锅的灭菌温度和时间是由计算机控制的，因此，只要根据仪器说明书设定各项参数，按下灭菌按键即可，但要注意以下几点：

①灭菌锅中水位和补水瓶中的水位是否在规定值内。因有的地区的自来水为硬质水，容易使灭菌锅产生水垢，影响使用寿命，且全自动灭菌锅的耗水量较小，因此，最好加蒸馏水。

②灭菌结束后，当锅内温度下降至 100℃ 以下时才能启开锅盖。取灭菌物时需戴防护手套，以免烫伤。

③一般的全自动高温高压蒸汽灭菌锅有一放气阀，需要可开启该阀放气，但应及时关闭，并在每次启动灭菌前检查该阀是否处于关闭状态，以免发生意外。

④全自动高温高压蒸汽灭菌锅工作时一般不需要专人看管，但工作过程中如发生停电应重新启动。对于培养基灭菌，则要根据实际情况进行操作，如停电时间很短，可减去已灭菌时间后重新设定时间值，再次启动；如不能确定已灭菌的时间或停电时间较长，则该批培养基报废。

2.8　超净工作台

超净工作台是遗传学实验的主要设备之一，是进行无菌操作所必需的。超净工作台的工作原理是将室内空气经粗过滤器初滤，由离心风机压入静压箱，再经高效空气过滤器精滤，由此送出的洁净气流以一均匀的断面风速通过无菌区，从而形成无尘无菌的高洁净度工作环境。

超净工作台使用注意事项：

①超净工作台必须安装于具有良好杀菌条件的接种室内。接种室必须安装紫外线灯、换气扇、空气调节器等，以减少环境中的微生物量。

②接种室要打扫干净，使用前必须用紫外线灯灭菌 30 min。开紫外线灯时须关掉日光灯，使室内保持黑暗。

③进入接种室内要穿白色工作服。不要将与实验无关的用品带入接种室，实验材料必须清洗干净后才能进入接种室。

④进入接种室后进行工作台表面和操作人员本身的消毒。一般用 70% 酒精反复擦洗双手，擦拭工作台面、用具等一切可能接触的物品，也可以用 70% 酒精喷雾工作区。

⑤超净工作台必须预开机 30 min 后才能进行实验操作。应将在实验过程中要用到的物品摆放于工作台上的合适位置。

⑥整个操作过程最好不离开工作台，不得在超净工作台前来回走动，不准在超净工作台前说话或讨论问题。必须开口时，须转过身来，避免冲着超净工作台说话、打喷嚏和咳嗽等。

⑦点燃酒精灯，以便接种时对金属用具进行火焰消毒。接种时应靠近酒精灯火焰处进行。

⑧实验结束后，关闭超净工作台，熄灭酒精灯，把实验材料搬出接种室，并将实验室的物件摆放整齐，以便他人使用。

⑨离开实验室前，关掉电灯、空调、换气扇等，切断电源，关上门窗。

2.9 电子天平

电子天平是常用的实验室仪器，用于药品和组织的称量。遗传学实验室一般用 1/100 g 和 1/10 000 g 两种电子天平。电子天平是依据电磁力平衡原理设计：秤盘通过支架连杆与线圈相连，线圈置于磁场中；秤盘及被称物体的重力通过支架连杆作用于线圈上，方向向下；线圈内有电流通过，产生一个向上作用的电磁力，与秤盘重力方向相反，大小相等；位移传感器处于预定的中心位置，当秤盘上的物体质量变化时，位移传感器检出位移信号，经调节器和放大器改变线圈的电流直至线圈回到中心位置为止；通过数字显示器显示出物体的质量。

电子天平使用注意事项：

①同一实验使用同一台电子天平。

②电子天平应远离带有磁性或能产生磁场的物体和设备，放置要平整。通过水平调节螺丝调节水平调节器中的气泡到刻度圈中央。

③称量前要检查电子天平是否完好，接通电源后要预热数分钟。

④电子天平载重不得超过最大负荷，被称物应放在干燥清洁的器皿中称量，挥发性、腐蚀性物品必须放在密封加盖的容器中称量。

⑤称量时按下显示屏的开关键或回零键，待显示稳定后，将物品放到秤盘上，有防风门的电子天平使用时需关上防风门。显示稳定后即可读取称量值。

⑥称量完成后要保持电子天平清洁，如在电子天平内洒落药品应立即清理干净，以免腐蚀电子天平。

⑦较长时间不使用的电子天平应每隔一段时间通电一次，以保持电子元件干燥，特别是湿度大时更应经常通电。

2.10 超声波清洗器

超声波清洗器的原理是由超声波发生器发出的高频振荡信号，通过换能器转换成高频机械振荡而传播到清洗液中，超声波在清洗液中疏密相间地向前辐射，使液体流动而产生数以万计的直径为 50～500 μm 的微小气泡，存在于液体中的微小气泡在声场的作用下振动。这些气泡在超声波纵向传播的负压区形成、生长，而在正压区，当声压达到一定值时，气泡迅速增大，然后突然闭合，并在气泡闭合时产生冲击波，在其周围产生上千个大气压，破坏不溶性污物而使它们分散于清洗液中。当团体粒子被油污裹着而黏附在清洗物件表面时，油被乳化，固体粒子自行脱离，从而达到清洗净化的目的。在这种被称为"空化"效应的过程中，气泡闭合可形成几百度的高温和超过 1 000 个大气压的瞬间高压，连续不断地产生的瞬间高压就像一连串小"爆炸"不断地冲击物件表面，使物件表面及缝隙中的污垢迅速剥落，从而达到物件表面清洗净化的目的。

超声波清洗器使用注意事项：

①有许多条件能够决定最终的清洗效果，其中最重要的是选择合适的清洗液，在正确的温度下清洗恰当的时间，同时，选择合适尺寸和类型的超声波清洗器。

②酸性清洗液、漂白剂通常情况下应当避免使用，因为它们会损坏不锈钢槽。

③直接清洗时需要选择那些不会损伤超声波清洗槽的清洗液。

④间接清洗则是将待清洗的物件放在烧杯或不带孔的托盘内，烧杯或托盘内装有溶液，而不是直接装在清洗槽内。当选择间接清洗时，确认槽内的水位保持在标准位置。

⑤清洗液明显变脏或失效时，应该更换清洗液。

⑥对于精密的、表面光洁度很高的物体，采用长时间的高功率密度清洗会对物体表面产生"空化"腐蚀。一般情况下清洗 2～3 min 就可以了。

⑦一般来说，超声波在 30～40℃时"空化"效果最好。清洗液温度越高，作用越显著。通常实际应用超声波清洗时，采用 30～60℃的工作温度。

⑧超声波清洗器具有清洗洁净度高、清洗速度快等特点，特别是对盲孔和各种几何状物体，具有其他清洗手段所无法达到的净化效果。

2.11 离心机

离心机是遗传学，特别是分子遗传学实验室必不可少的重要实验仪器之一。离心机种类很多，但其工作原理相同，都是利用离心力对混合液进行快速分离及沉淀。电动机带动转盘高速旋转，离心管内的微粒在离心力作用下沿离心管外移，这就是离心沉降。转速越快，离心力越大，微粒沉降越快，分离越彻底。

离心机使用注意事项：

①台式小型离心机应安放在结实的实验台（桌）上，大型离心机应安放在专门的场所。离心机耗电量大，使用频率高，对电压要求严格，在安装时应加以注意，最好是单独设一路电线，并配稳压器。

②离心机工作时必须保持水平。因此，使用前必须检查确认离心机是否处于水平状态。台式小型离心机随机安有水平仪，大型离心机有专用的水平仪，可随时检查和调节。

③离心管要对称放置，如离心管为单数不对称时，应再加一管装相同质量的水调整对称。高速离心机，特别是超速离心机应称量平衡后成对放置。

④离心机的套管要保持清洁，管底应垫上橡皮或泡沫等物，以避免试管破碎。

⑤离心机在工作时一定要盖上盖子，确保安全。大型离心机应选择合适的转头，转头安放到位，并拧紧转头的盖子。

⑥开动离心机时应逐渐加速。当发现声音不对时，要停机检查，排除故障（如离心管不对称、质量不等、离心机位置不水平或螺帽松动等）后再启动。

⑦控温离心机在工作前须设定工作温度，接上电源，使机心温度调节到合适温度时再进行工作。工作前应同时设定转速、时间、温度，并确认放开刹车器后才能启动。

⑧关闭离心机时也要逐渐减速，直到自动停止，不要用手强制停止。大型或自动离心机有刹车装置，但最好让其自然停车。

⑨工作完成后一定要及时将离心机及其台面清理干净，切断电源，并做好记录。

2.12 PCR 仪

PCR 仪是聚合酶链式反应（polymerase chain reaction，PCR）的必备仪器，也是现代遗传学实验常用的仪器。聚合酶链式反应是一种选择性体外扩增 DNA 或 RNA 的方法。PCR 包括 3 个基本步骤：①变性，目的双链 DNA 在 94℃下解链；②退火，两种寡核苷酸引物在适当温度（50℃左右）下与模板上的目的序列通过氢键配对；③延伸，在 Taq DNA 聚合酶合成 DNA 的最适温度下，以目的 DNA 为模板进行合成。每一轮循环将使目的 DNA 扩增一倍，这些经合成产生的 DNA 又可作为下一轮循环的模板。因此，PCR 仪可根据预先设置的参数，控制每一循环 3 个基本步骤的时间、温度。

PCR 仪使用注意事项：

①根据不同的实验目的选择模板、引物、合适的耐热 DNA 聚合酶，并根据前人的经验确定各种实验试剂的浓度。

②拟定 PCR 循环参数。根据需要决定每个循环的变性、退火和延伸 3 个步骤的温度和时间，以及所需的循环数。其中退火温度主要决定于引物的长度和 GC 含量，延伸时间决定于酶的速度和 PCR 产物的长度。

③参数的设定。不同型号的机器设定方法有所不同，典型的 PCR 程序如下：

Step 1   94℃   5 min

Step 2   94℃   30 s

Step 3   55℃   30 s

Step 4   72℃   1 min

Step 5   go to 2 for 29 times

step 6   72℃   8 min

Step 7   4℃   for ever

Step 8   end

④PCR 仪一般都有热盖，为了防止加温引起的蒸汽在盖子上凝结，热盖的温度一般设得比退火温度稍高。这就要求 PCR 仪盖子的密封性要好。如发现经 PCR 循环后反应液明显减少，说明盖子密封性不好，对 PCR 结果有不利的影响。没有热盖的 PCR 仪要在管中加石蜡油密封。

⑤初次使用 PCR 仪应在没有加样本之前熟悉 PCR 仪的操作，并耐心观察热循环的过程。

⑥PCR 结束后样本要保存在冰箱中，并及时进行电泳分析。在高温下放置太久的样本，PCR 产物可能会发生降解。

2.13 流式细胞仪

流式细胞仪（flow cytometer，FCM）是对高速直线流动的细胞或生物微粒进行快速定量测定和分析的仪器，主要包括样品的液流技术、细胞的计数和分选技术、计算机对数据的采集和分析技术等，在遗传学实验中主要用于植物细胞染色体倍性分析。植物叶片在细胞核提取液中用锋利的刀片切割会释放出完整的细胞核，释放出来的细胞核经 DNA 特异性的荧光染料碘化丙啶（propidium iodide，PI）染色，在流式细胞仪中单个地流过一个细管，在 488 nm 激光的照射下会发出 620 nm 的橙色荧光，荧光强度与结合在 DNA 上的 PI 的量成正比，根据每一个粒子的荧光强度，就可以快速地测定每个细胞核的 DNA 含量。通过统计分析（做直方图）确定荧光强度最集中的一组（峰值）为 DNA 的相对含量。

流式细胞仪使用注意事项：

①光电管运行时特别要注意稳定性问题，工作电压要十分稳定，工作电流及功率不能太大。此外要注意对光电管进行暗适应处理，并注意保持良好的磁屏蔽。

②光源不得在短时间内（一般要 1 h 左右）关上又打开，使用光源必须预热并注意冷却系统工作是否正常。

③液流系统必须随时保持液流畅通，避免气泡栓塞，所使用的鞘流液使用前要经过过滤、消毒。

④注意根据测量对象的变换选用合适的滤片系统、放大器类型等。

⑤利用校准标准样品，调整仪器，使在激光功率、光电倍增管电压、放大器电路增益调定的基础上，0°和 90°散射的荧光强度最强，并要求变异系数为最小。

⑥测量前在样品管中加入去离子水，冲洗液流的喷嘴系统。

⑦样品测量完毕后，要用去离子水冲洗液流系统。

⑧因为实验数据已存入计算机硬盘（有的机器还备有光盘系统，存贮量更大），因此可关闭气体和测量装置，而单独使用计算机进行数据处理。

3 玻璃器皿的清洁

实验室使用的玻璃器皿清洁与否直接影响实验结果，玻璃器皿不清洁会造成较大的实验误差，甚至导致实验失败。因此实验前必须对玻璃器皿彻底清洁。条件好的实验室可采用超声波清洗器进行清洗，它具有多方面的优点：①清洗速度快，清洗效果好，清洁度高，工件清洁度一致，对工件表面无损伤；②不需人手接触清洗液，安全可靠，对深孔、细缝和工件隐蔽处亦清洗干净；③节省溶剂、热能、工作场地和人工等；④清洗洁净度高，可以强有力地清洗微小的污渍颗粒。一般实验室亦可采用下列方法对玻璃器皿进行清洁处理。

3.1 新置玻璃器皿的清洗

一般新购置的玻璃器皿表面常附着游离的碱性物质，可先用肥皂水（或去污粉）洗刷，再用清水冲洗干净，然后浸泡在 1%～2% 盐酸中过夜（不少于 4 h），再用清水冲洗，最后用蒸馏水冲洗 2～3 次，在 100～130℃烘箱内烘干备用。

新的载玻片和盖玻片可在 2% 盐酸酒精（100 mL 95% 酒精＋2 mL 盐酸）中浸泡数小时，再用流水冲净后，浸入装有 95% 酒精的玻璃容器中并加盖，以备随时取用。

3.2 使用过的玻璃器皿的清洗

使用过的试管、烧杯、三角瓶等，先用清水洗刷至无污物，再选用大小合适的毛刷蘸取去污粉（掺入洗衣粉）或浸入肥皂水内将器皿内外细心刷洗。然后用清水冲洗干净，再用蒸馏水冲洗 2～3 次，烘干或倒置在清洁处，备用。凡洗净的玻璃器皿，不应在器壁上带有水珠，否则应按上述方法重新洗涤。若发现内壁有难以去掉的污迹，应分别试用各种洗涤液（见附录Ⅱ-2.6 洗涤液的配制及使用方法）予以清除，再重新用清水、蒸馏水冲洗干净。

对于移液管、滴定管、量筒等量器，使用后应立即浸泡于净水中，避免残留的溶液干涸，难以清洗。工作完毕后用流水冲洗，除去附着的试剂、蛋白质等物质，晾干后浸泡在铬酸洗液中 4～5 h 或过夜，再用清水充分冲洗，最后用蒸馏水冲洗 2～4 次，风干后备用。

陈旧或用过的永久制片的玻片，可先在肥皂水中煮沸 5～10 h，或将玻片微热后浸入二甲苯中脱胶，洗去残留的树胶和糨糊，并用清水冲洗干净。然后放置在洗液中浸 30 min，再用清水冲净洗液，最后用蒸馏水洗净后放置在 95％酒精中。

3.3　玻璃器皿的干燥和灭菌

遗传学实验中以微生物为供试材料时，实验使用的玻璃器皿必须干燥和高温灭菌，防止其他杂菌污染。

3.3.1　干燥

干燥方法有自然晾干和烘干两种。自然晾干时间长，但器皿上无水渍。烘干是将器皿及其他用具，置于 60～80℃的烘箱中干燥，其缺点是器皿上可能留有水渍。因此，要求干燥前尽可能将器皿上的水分甩干。

3.3.2　灭菌

由于高温能使微生物蛋白质凝固，因此利用高温可达到灭菌目的。高温灭菌的方法主要有以下两种。

（1）干热灭菌法

通常将烘箱内温度保持160℃下 2 h，即可利用热空气杀死所有微生物及芽孢。在干热灭菌过程中要注意：①烘箱内切忌放入易燃易挥发物品，玻璃器皿、金属用具也不能装得太满，棉塞等物不要接触烘箱壁，避免烘箱升温后发生燃烧事故。②当烘箱温度上升至 100℃后，千万不能打开烘箱玻璃门，以免新鲜空气进入引起燃烧，以及由于剧烈的冷热变化使玻璃器皿爆裂。

（2）湿热高压灭菌法

此法由于高压高温结合，加上蒸汽传热均匀，因此灭菌时间短，效果好。常用各种规格的高压蒸汽灭菌锅进行灭菌，其操作方法和注意事项见本操作规程 2.7 高压蒸汽灭菌锅。

实验一　植物细胞有丝分裂的观察与永久片制作

1.1　乙酸洋红染色法

1.1.1　实验目的

学习乙酸洋红染色法的操作方法，掌握永久片的制作方法，观察植物根尖细胞有丝分裂各个时期的染色体变化和特征。

1.1.2　实验原理

有丝分裂（mitosis）是生物体细胞增殖的主要方式。在有丝分裂过程中，细胞核内染色体能准确地复制，并能有规律地、均匀地分配到两个子细胞中去，使子细胞遗传组成与母细胞完全一样，从而可以推断生物性状的遗传与染色体的准确复制和均等分配有关，支配生物性状的遗传物质主要存在于细胞核内的染色体上。

细胞有丝分裂是一个连续过程，可分为前期（prophase）、中期（metaphase）、后期（anaphase）和末期（telophase）。两次有丝分裂之间的时期称细胞分裂间期，所有染色体的复制就在这段时间完成。有丝分裂各时期染色体特征简述如下，并参见图1-1。

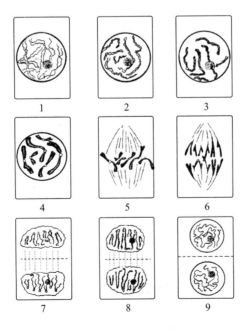

图 1-1　植物有丝分裂模式图

1. 极早前期　2. 早前期　3. 中前期　4. 晚前期　5. 中期

6. 后期　7. 早末期　8. 中末期　9. 晚末期

前期：核内染色质逐渐浓缩为细长而卷曲的染色体，每一染色体含有两个染色单体，它们具有一个共同的着丝点；核仁和核膜逐渐模糊。

中期：核仁和核膜逐渐消失，各染色体排列在赤道板上，从两极出现纺锤丝，分别与各染色体的着丝点相连，形成纺锤体。中期的染色体呈分散状态，便于鉴别染色体的形态和数目。

后期：各染色体着丝点分裂为二，其每条染色单体也相应地分开，并各自随着纺锤丝的收缩而移向两极，每极有一组染色体，其数目和原来的染色体数目相同。

末期：分开在两极的染色体各自组成新的细胞核，在细胞质中央赤道板处形成新的细胞壁，使细胞分裂为二，形成两个子细胞。这时细胞进入分裂间期。

间期：细胞分裂末期到下一次细胞分裂前期之间的一段时期，在光学显微镜下看不到染色体，只看到均匀一致的细胞核及其中许多的染色质。实质上间期的核是处于高度活跃的生理生化代谢阶段，为细胞继续分裂准备条件。

高等植物有丝分裂主要发生在根尖、茎生长点及幼叶等部位的分生组织。由于根尖取材容易，操作和鉴定方便，故一般采用根尖作为观察有丝分裂的材料。

临时片容易产生气泡、物像收缩、颜色变深，通常 1 h 后即难以观察，即使用石蜡、甘油胶冻或指甲油将盖玻片的四周封固也只能保存观察一周左右。因此，对一些需要长期保存的片子，必须改制为永久片，以便长期观察和研究。

永久片的制作程序包括脱去临时片的盖玻片、材料脱水、透明和封片。其中材料脱水干净和透明良好是制好永久片的关键。为此，需选用适当的脱水剂和透明剂。目前较理想的脱水剂是正丁醇和叔丁醇，它们都能与最常用的脱水剂酒精混合使用，并具有良好的透明效果，且能与封藏剂树胶混合，有利于封片，材料也不会发生收缩和硬化等问题。

1.1.3　实验材料

洋葱（*Allium cepa*，2n＝16）鳞茎。
蚕豆（*Vicia faba*，2n＝12）种子。

1.1.4　实验用具、药品

（1）仪器用具

显微镜、冰箱、酒精灯、培养皿、载玻片、盖玻片、镊子、刀片、解剖针、玻璃棒、吸水纸、滤纸、标签、铅笔等。

（2）药品试剂

无水酒精、95％酒精、80％酒精、70％酒精、1 mol/L 盐酸、冰乙酸、1％乙酸洋红、卡诺氏（Carnoy's）固定液（1 份冰乙酸＋3 份无水酒精）、铁矾（硫酸亚铁）、秋水仙碱、对二氯苯饱和水溶液、α溴萘、8-羟基喹啉、正丁醇、叔丁醇、二甲苯、中性树胶等。

（3）试剂配制

1％乙酸洋红染色液：将 100 mL 45％乙酸加热煮沸，移去火苗，徐徐加入 1～2 g 洋红，溶解后再煮沸 1～2 min，冷却数分钟后加入 2％铁矾水溶液 5～10 滴，或在煮沸的乙酸洋红染色液中悬置数枚锈铁钉（注意防止溶液溢出），以增强染色性能。配制的染色液过滤后贮存于棕色试剂瓶中备用。

0.01%～0.2%秋水仙碱溶液：先以少量95%酒精将1g秋水仙碱溶解，再加蒸馏水至100 mL配成1%的母液，贮存于棕色瓶中，置冰箱内保存。用时可量取一定量的母液，按比例稀释即可。

0.002 mol/L 8-羟基喹啉水溶液：用分析天平称0.290 1 g 8-羟基喹啉用蒸馏水定容于1 000 mL容量瓶中，在60℃下溶解后备用。

1.1.5　实验步骤

（1）取材

①洋葱根尖。将通过休眠期的洋葱鳞茎搁置在盛满清水的烧杯上，在室温下（25℃左右）发根，待根长约2 cm时剪取。

②蚕豆根尖。先将种子浸泡1 d，待吸水膨胀后移到铺有几层湿吸水纸的培养皿内，上面盖两层湿纱布并加水少许，置18～20℃黑暗下40～50 h。待根长至1～2 cm时剪取。

（2）预处理

①冷冻处理。将根尖放入盛有蒸馏水的指形管中，置于冰水共存的冰瓶中，然后把冰瓶放到0～3℃的冰箱内处理24 h。染色体数较多的实验材料可适当延长时间，但需注意勿使材料结冰。

②药剂处理。预处理常用的药剂，其处理时间如下：0.01%～0.2%秋水仙碱溶液处理2～4 h；对二氯苯饱和水溶液处理3～4 h；100 mL对二氯苯饱和水溶液加1～2滴α溴萘处理3～4 h；0.002 mol/L 8-羟基喹啉处理3～4 h。各种药剂处理时，应注意温度不能过高，以10～15℃为宜。

（3）固定

经过预处理的材料冲洗干净后，用卡诺氏固定液固定24 h，经固定的材料若不立即使用，可置于70%酒精中，在4℃下长期保存。

（4）解离

固定的材料用蒸馏水洗净后放入1 mol/L盐酸溶液中，在60℃下解离5～20 min，以使胞间层的果胶类物质解体，使细胞易于分散，便于压片。材料经解离后，用蒸馏水洗涤数次，将材料中的酸洗净，以便染色。

（5）染色

用吸水纸将洗净材料表面的水吸干，放入盛有1%乙酸洋红染色液的指形管中染色24 h。若只作临时镜检观察，可直接将材料置于载玻片上，滴上1滴1%乙酸洋红染色后压片。

（6）临时片制片

将盛有数条根尖和染色液的指形管用木夹夹住，在酒精灯上加热煮沸3～6次，使根尖软化着色。加热时要注意不断摇动试管，以防煮沸的染色液冲出试管。然后把处理过的根尖倒入培养皿中，取根尖置于载玻片上，切取根尖分生组织约1.5 mm，加1滴乙酸洋红染色液，盖上盖玻片，用手指按住盖玻片一角（手指下可先放一滤纸），再用解剖针在材料上面垂直敲打盖玻片，最后盖上滤纸用大拇指用力压片（敲打和压片时都不可使盖玻片移动）。

（7）镜检

先用低倍镜寻找有分裂相的细胞，随机统计 100 个细胞，确定处于不同分裂时期的细胞百分比，然后用高倍镜仔细观察各时期染色体的行为和特征。

（8）永久片制片

把临时片翻转，盖玻片朝下，放入盛有脱盖玻片液（3 份 45％乙酸＋1 份 95％酒精）的培养皿（编号①）中，将载玻片的一端搁在短粗玻璃棒上，呈倾斜状，让盖玻片自然滑落。用镊子把盖玻片和载玻片从脱盖玻片液中取出，稍干后迅速依次移入②号培养皿（2 份 95％酒精＋1 份正丁醇）、③号培养皿（1 份 95％酒精＋2 份正丁醇）、④号培养皿（正丁醇）中，在各编号培养皿中分别浸泡 5 min 左右。整个脱水过程中，必须保持载玻片和盖玻片原来相对的方向和位置，同时注意操作轻巧，以免造成玻片上材料漂失。从④号培养皿中取出的载玻片和盖玻片置于滤纸上吸去多余的溶剂，在载玻片中央载有材料处滴上 1～2 滴中性树胶，将盖玻片盖回原来位置进行封片。覆盖盖玻片时，要注意用镊子夹住盖玻片，轻轻地倾斜覆盖，使之随着树胶的扩展自然下滑，切不可施加压力或移动盖玻片。如发现封片中树胶有气泡，应让其自行逸出或用针尖烧热后烫一下，使其气泡逸出。如树胶滴得过多溢出到玻片四周，应待树胶晾干后，用脱脂棉蘸二甲苯轻轻擦净溢出的树胶。封片后平放晾干，进行镜检，物像清晰符合要求的保存，并贴上标签，注明标本名称、作者姓名和制片日期。

1.1.6　实验作业

①制作细胞有丝分裂各时期的图像清晰的永久片 1～2 张。

②对所观察到的细胞有丝分裂各时期分裂相进行绘图，并简要说明染色体的行为和特征。

1.2　酶液解离染色法

1.2.1　实验目的

学习酶液解离植物细胞的操作方法，观察植物根尖细胞有丝分裂中期染色体的形态和数目。

1.2.2　实验原理

为了使细胞分裂过程中各时期的染色体比较分散，便于在显微镜下观察染色体的形态特征和数目，所以采用纤维素酶和果胶酶的混合液解离。

1.2.3　实验材料

陆地棉（*Gossypium hirsutum*，$2n=52$）种子。

大麦（*Hordeum vulgare*，$2n=14$）种子。

1.2.4　实验用具、药品

（1）仪器用具

显微镜、恒温箱、分析天平、水浴锅、培养箱、载玻片、盖玻片、标签、吸水纸等。

（2）药品试剂

碱性品红、冰乙酸、苯酚、福尔马林、山梨醇、纤维素酶、果胶酶、0.1 mol/L 乙酸钠、0.002 mol/L 8-羟基喹啉、0.1 mol/L 盐酸、95％酒精、80％酒精、70％酒精、改良苯酚品红染色液、正丁醇、叔丁醇、二甲苯、中性树胶等。

（3）试剂配制

0.1 mol/L 乙酸钠缓冲液（pH 4.5）：分别取 13.61 g 乙酸钠（$C_2H_3O_2Na \cdot 3H_2O$）和 8.17 mL 冰乙酸（CH_3COOH，70％），用蒸馏水定容至 1 000 mL，分别配成 0.1 mol/L 乙酸钠溶液和 0.1 mol/L 乙酸溶液。取 240 mL 0.1 mol/L 乙酸溶液和 760 mL 0.1 mol/L 乙酸钠溶液混合即可。

酶液：称 2 g 纤维素酶和 0.5 g 果胶酶溶于 0.1 mol/L 乙酸钠溶液中并定容至 100 mL（pH 4.5），配成 2％纤维素酶和 0.5％果胶酶的混合液。

改良苯酚品红染色液：A 液，称 3 g 碱性品红，溶于 70％酒精中（此液可长期保存）并定容至 100 mL。B 液，取 10 mL A 液，加入 90 mL 5％苯酚水溶液中（此液限 2 周内使用）。取 45 mL B 液，加入 6 mL 冰乙酸和 6 mL 37％福尔马林，即制成苯酚品红染色液。取 10 mL 苯酚品红染色液，加入 90 mL 45％乙酸和 1 g 山梨醇，即制成改良苯酚品红染色液。

1.2.5 实验步骤

（1）取材

取供试的陆地棉和大麦等种子，浸种 2 d 后置 25℃恒温箱中发芽。待根长 1 cm 左右时剪下根尖。

（2）预处理

将种子根的根尖浸入 0.002 mol/L 8-羟基喹啉溶液中，处理 1～4 h，水洗并经固定液固定后，保存于 70％酒精中备用。

（3）解离

分酶解和酸解两种。

① 酶解。用 0.1 mol/L 乙酸钠缓冲液洗根尖 2 次，转入 2％纤维素酶和 0.5％果胶酶的混合液中，置于 25℃性温箱中处理 1～2 h，使根尖软化。

②酸解。再经 0.1 mol/L 乙酸钠缓冲液洗 2 次，在 60℃水浴锅中，以 0.1 mol/L 盐酸水解 2 min，然后用 45％乙酸清洗。

（4）染色、压片

取根尖放在洁净的载玻片上，滴数滴改良苯酚品红染色液，盖上盖玻片，用手指按住盖玻片一角（手指下可先放一滤纸），再用解剖针在材料上面垂直敲打盖玻片，最后盖上滤纸用大拇指用力压片（敲打和压片时都不可使盖玻片移动）。

（5）镜检

观察陆地棉、大麦根尖细胞的染色体形态特征和数目。

（6）永久片制片

同 1.1.5 中的操作。

1.2.6 实验作业

①制作细胞有丝分裂各时期图像清晰的永久片 1～2 张。

②对所观察到的细胞有丝分裂过程中各时期的图像进行绘图，并简要说明染色体的行为和特征。

实验二　植物细胞减数分裂的观察与永久片制作

2.1　实验目的

学习花粉母细胞涂抹制片技术，掌握永久片的制作方法，观察植物减数分裂各个时期染色体的变化特征。

2.2　实验原理

减数分裂（meiosis）是生物在性母细胞成熟时配子形成过程中发生的一种特殊的有丝分裂。它包括连续两次细胞分裂阶段：第一次分裂为染色体数目减数的分裂，第二次分裂为染色体数目等数的分裂。两次分裂可根据染色体变化特点均分为前期、中期、后期和末期，由于第一次分裂的前期较长，染色体变化比较复杂，故其前期又人为地分为 5 个时期。减数分裂最终分裂为染色体数目减半的 4 个子细胞，并发育为雌性或雄性配子（n）。雌雄配子通过受精又结合成为合子，发育成为新的个体。这样新个体又恢复到原有的染色体数目（$2n$）。减数分裂各时期染色体变化的特征简述如下，并参见图 2-1。

第一次分裂：

前期Ⅰ：可分为以下 5 个时期。

细线期（leptotene）：核内染色体呈细长线状，互相缠绕，难以辨别。

偶线期（zygotene）：同源染色体相互纵向靠拢配对，称为联会。联会的一对同源染色体，称为二价体。偶线期所表现的这一特征时间很短，一般较难观察到。

粗线期（pachytene）：配对后的染色体逐渐缩短变粗，含有两条姐妹染色单体，一个二价体中就包含了 4 条染色单体，故又称为四合体。在此期间各同源染色体的非姐妹染色单体间可能发生片段交换。

双线期（diplotene）：各对同源染色体开始分开，由于在粗线期非姐妹染色单体之间发生了交换，因而同源染色体在一定区段间出现交叉结。此期可清楚地观察到交叉现象。

终变期（diakinesis）：染色体更为浓缩粗短，交叉结向二价体的两端移动，核仁和核膜开始消失，此时各二价体分散在核内，适于染色体数目的计数。

中期Ⅰ：核仁和核膜消失，所有二价体排列在赤道板两侧，细胞质里出现纺锤体，每个二价体的两条染色体的着丝点分别趋向纺锤体的两极。此时最适于染色体计数和观察各染色体的形态特征。

后期Ⅰ：二价体中的一对同源染色体开始分开，在纺锤体的作用下分别向两极移动，完成染色体数目的减半过程。此期，同源染色体的两个成员必然分离，非同源染色体间的各个成员以同等机会随机结合，分别移向两极，但染色体的着丝点尚未分裂，每条染色体含有两条染色单体。

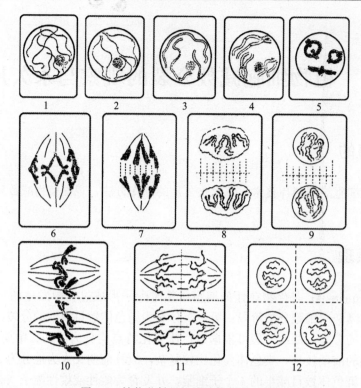

图 2-1　植物花粉母细胞减数分裂示意图

1. 前期Ⅰ-细线期　2. 前期Ⅰ-偶线期　3. 前期Ⅰ-粗线期　4. 前期Ⅰ-双线期　5. 前期Ⅰ-终变期
6. 中期Ⅰ　7. 后期Ⅰ　8. 末期Ⅰ　9. 前期Ⅱ　10. 中期Ⅱ　11. 后期Ⅱ　12. 末期Ⅱ（四分体）

末期Ⅰ：染色体移到两极，松开变细，核仁和核膜重新出现，形成两个子核。细胞质分裂，在赤道板处形成细胞板，成为二分体。

第二次分裂：见有丝分裂。

高等植物的性母细胞（2n）在形成雌雄配子（n）过程中必须通过减数分裂。由于植物花药取材容易，操作和鉴定比较方便，故一般都取用花粉母细胞作为制片材料，在光学显微镜下观察其减数分裂过程中染色体的行为变化。

2.3　实验材料

玉米（*Zea mays*，2n＝20）雄穗。

普通小麦（*Triticum aestivum*，2n＝42）幼穗。

蚕豆（*Vicia faba*，2n＝12）花蕾。

大葱（*Allium fistulosum*，2n＝16）花序。

2.4　实验用具、药品

（1）仪器用具

显微镜、液氮罐、酒精灯、培养皿、载玻片、盖玻片、镊子、刀片、木夹、吸水纸、标签纸、火柴、棉线等。

（2）药品试剂

丙酸-水合氯醛-铁矾-苏木精染色液、卡诺氏固定液、95％酒精、80％酒精、70％酒精、液氮等。

（3）试剂配制

丙酸-水合氯醛-铁矾-苏木精染色液的配制：A 液，称 2 g 苏木精溶于 100 mL 50％丙酸中。B 液，称 0.5～1.0 g 铁矾溶于 100 mL 50％丙酸中。将 A 液和 B 液按 1∶1 比例混合，每 5 mL 混合液中加 2 g 水合氯醛，存放 1 d 后使用。

2.5 实验步骤

（1）取材

①玉米雄穗。玉米雄穗的取材方法见附录Ⅰ。将采集的雄穗浸入卡诺氏固定液中固定 12～24 h 后，用 95％酒精清洗净乙酸气味后，保存于 70％酒精中备用。

②小麦幼穗。在小麦抽穗前 10～15 d，当旗叶与下一叶片的叶枕相距 3～4 cm、幼穗长约 4 cm，不同部位小穗第 1～2 朵小花的花药表现为黄绿色时，一般是处于减数分裂时期。采集的小穗按上述玉米雄穗的固定方法进行固定处理。

③蚕豆花蕾。在早春（3～4 月）蚕豆现蕾后，于上午 8～10 时，摘取长约 1 mm 的花蕾，固定、保存。

④大葱花序。3～4 月份，大葱花序长到枣一样大小、颜色呈绿色（转黄时已晚）时，采摘花序固定。制片时，取 1 个小花，挑出花药，用乙酸洋红染色法制片观察。

（2）制片

从上述材料中取 1 枚花药放在洁净的载玻片上，滴上 1 滴苏木精染色液，然后用镊子把花药夹碎，去掉肉眼见得到的残渣，1 min 左右后盖上盖玻片，把载玻片平放在酒精灯火焰上来回摆动加热，直至把染色液烤干为止。注意在加热过程中要密切注意气泡移动情况，控制摆动频率，千万不能让染色液沸腾，否则细胞将变色，难以看到染色体。为了使细胞和染色体的分散性更好，在染色液快要烤干时，可用大拇指匀力压片或用铅笔的橡皮头垂直轻敲后再行加热。但在做远缘杂交后代亲缘性分析时不可进行压片操作，以免将微弱配对的部分同源的染色体分离，造成实验结果误判。

（3）镜检

先在低倍镜下寻找花粉母细胞，一般花粉母细胞较大，圆形或扁圆形，细胞核大，着色较浅。观察到有一定分裂相的花粉母细胞后，用高倍镜观察减数分裂各时期染色体的行为和特征。

（4）永久片制作

将玻片一端用木夹夹住，用棉线放入液氮罐中，在液氮表面冷冻 1 min。然后取出玻片放在桌上的白纸上，迅速用手按住盖玻片一边，用刀片从另一边将盖玻片揭开置于白纸上（有材料的一面朝上），滴一滴中性树胶在载玻片上的材料处，再原位盖上盖玻片，树胶凝固后镜检观察制片效果。

2.6　实验作业

①制作减数分裂前期Ⅰ图像清晰的永久片 2～3 张。

②对所观察到的减数分裂各时期的图像进行绘图，并简要描述染色体的行为和特征。

实验三　染色体组型分析

3.1　实验目的

学习数码显微摄影技术，观察分析细胞有丝分裂中期染色体的长短、臂比和随体等形态特征；学习利用传统方法和现代计算机软件进行染色体组型分析（karyotype analysis）。

3.2　实验原理

各种生物染色体的形态、结构和数目都是相对稳定的。每一生物细胞内特定的染色体组成，称为染色体组型。染色体组型分析，也称核型分析，就是研究一个物种细胞核内染色体的数目及各染色体的形态特征，如对染色体的长度、着丝粒位置、臂比和随体有无等进行观测，描述和阐明该生物的染色体组成，为细胞遗传学、分类学和进化遗传学等研究提供实验依据。

在植物根尖等分生组织中的细胞有丝分裂中期，染色体具有较典型的特征，且易于计数，因而染色体组型分析大都以这一分裂时期进行观察。在染色体组型分析时，染色体制片要求分裂相多，染色体分散，互不重叠，能清楚显示着丝点位置（图 3-1）。然后通过显微测量或显微摄影，测量放大照片上的每个染色体，根据染色体的长度和其他形态特征，依次配对排列、编号，并对各染色体的形态特征做出描述。

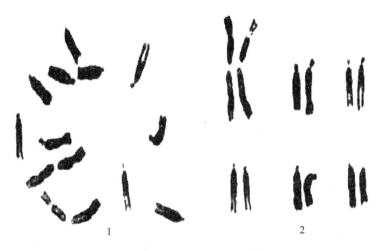

图 3-1　蚕豆染色体组型分析
1. 染色体组型照片　2. 染色体组型图

由于制片时染色体的随体很容易丢失，加上细胞有丝分裂时每个细胞的分裂周期不同步，染色体收缩程度不同，所以能使观察结果产生偏差。因此，实际操作时不能仅根据对一两个细胞的观察结果确定一个物种的核型，而必须观察和分析多个个体、多个细胞。一般要统计 5 个以上的分散良好、染色体形态清晰、数目一致的有丝分裂中期细胞。但在本实验中作为练习只要求学生选取一个具有代表性的有丝分裂中期细胞来做。

3.3　实验材料

蚕豆或其他植物的临时或永久染色体制片，并备用分散良好的中期细胞的显微照片若干张。

3.4　实验用具

带内置数码相机的显微镜、计算机、图像成像系统软件、Adobe photoshop 软件、打印机、A4 复印纸、镊子、剪刀、毫米尺、计算器、绘图纸、坐标纸、胶水等。

3.5　实验步骤

3.5.1　染色体图片材料的选择

用自备的永久片打印出供核型分析用的染色体图片。打开显微镜和与之通过 USB 线连接的计算机，打开计算机上的图像成像系统软件，将永久片放在显微镜的物镜下观察，此时显微镜目镜中观察到的图像应该与计算机成像系统显示的图像保持同步。首先在 10 倍物镜下找到分散良好、重叠少的中期相，再转到 40 倍物镜下仔细观察，判断染色体的数目是否正确、形态是否完整、每一条染色体在同一平面是否都能看清楚。如果物种的染色体很小，则还要在油镜下观察。找到理想的中期相后即可用图像采集系统拍照，并以图片格式保存在自己设定的文件夹中。打开图片文件后即可打印出该中期相的图片供核型分析用。如果图片背景有污点或少数染色体有交叉，影响核型分析的效果，则可以先把电子图片放到 Adobe photoshop 软件中进行去污处理或分离交叉处理，获得干净、规整的"核型图"后再打印出来，具体方法为：①去除污点，用裁剪工具（Crop Tool）将不需要的地方裁去；用橡皮工具（Eraser Tool）等将照片中的除染色体以外的部分擦除干净。②去除交叉，先用套索工具（Lasso）将重叠在上面的染色体圈选、移走，下部染色体缺失的一段用橡皮图章工具（Clone Stamp Tool）从另一张相同照片（染色体大小一致）中找到对应部位并粘贴过来。

如果自备的永久片不理想，则用教师提供的图片材料。

3.5.2　染色体组型分析

（1）测量

依次测量染色体长度，长臂和短臂的长度（分别量到着丝点中部），计算臂比时，长臂长度为分子，短臂长度为分母，随体计入臂长与否均须注明。染色体长度的表示方法有两种：①绝对长度，即用测微尺直接在显微镜下测量得到的实际长度（μm），或经显微摄影后在放大照片上的换算长度；②相对长度，指单个染色体的长度占单套染色体组（性染色体除外）总长度的百分比。染色体相对长度＝单个染色体长度/单套染色体组全长×100%。

（2）配对

将放大照片上剪下的同源染色体进行配对。配对的根据是随体的有无及大小，臂比是否相等，染色体长度是否相等。

（3）排列

将配对好的同源染色体按下列原则进行排列，并正式编上序号。即染色体长的在前；具随体染色体、性染色体排在最后；若有两对以上具随体染色体，则大随体染色体在前，小随体染色体在后。异源染色体组（如棉花 A、D 组，小麦 A、B、D 组）要分别排列。

（4）剪贴

把上述已经排列的同源染色体按先后顺序粘贴在绘图纸上。粘贴时，应使着丝点处于同一水平线上，并一律短臂在上，长臂在下。

（5）分类

臂比反映着丝点在染色体上的位置，据此可确定染色体所属的形态类型（表 3-1）。

表 3-1　染色体的形态类型及分类标准

臂比（长臂/短臂）	形态类型
1.00	正中着丝粒染色体（Ṁ）
1.00～1.70	中着丝粒染色体（m）
1.71～3.00	近中着丝粒染色体（sm）
3.01～7.00	近端着丝粒染色体（st）
>7.01	端着丝粒染色体（t）

（6）填表

将上述结果整理成"染色体形态测量数据表"。表中包含下列各项：染色体序号、绝对长度（μm）、相对长度（％）、长臂长度（μm）、短臂长度（μm）、臂比及染色体形态类型。表头注明单倍的染色体实际总长（μm）。

（7）综合描述

说明供试材料的染色体总数；染色体组型的公式，如蚕豆的染色体组型公式为 $2n=2$ m (SAT) ＋10t；染色体的大小；染色体组型的分类。染色体大小的确定：规定染色体长度在 1 μm 以下的为极小染色体，1～4 μm 的为小染色体；4～12 μm 的为中染色体；12 μm 以上的为大染色体。染色体组型的分类，即核型的分类。同一核型中染色体相对大小不一，一般可根据核型中染色体臂比和其比值大小，以及它们所具有的数目比例而划分，由 m 染色体组成的，称为对称性组型；大多数由 m 染色体组成的，称为基本对称组型；大多数由 sm 和 st 组成的称为基本不对称组型；由 st 组成的，称为不对称组型。

（8）复印和绘图

将剪贴排列好的染色体组型图进行复印，用坐标纸或绘图纸绘制成染色体模式图，如图 3-2 所示。

（9）说明

目前市场上已有先进的染色体核型分析系统，它们采用先进的计算机图像处理技术，实现从显微镜下采集图像，直接在计算机显示器上对染色体图像进行观察及核型分析，具有自

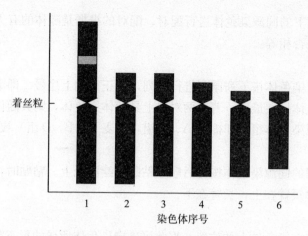

着丝粒

染色体序号

图 3-2　蚕豆染色体组分析模式图

动、快速、直观、高效、简便的优点。系统主要应用于现代显微镜下的分析，其最大的优点是清晰度高，计算机大屏幕下直接观察，计算机自动识别、分割染色体，标准核型对照，自动排列，大大减轻了劳动强度，提高了分析判断的准确度。但是这类软件价格昂贵，教学中较少采用。近年来又推出用 Adobe photoshop 软件进行核型分析，用 excel 软件绘制模式图的方法，所获结果与先进的染色体分析系统类似甚至更优。由于这些软件都可免费获得，所以应用越来越广，建议在实验中应用。

3.6　实验作业

①对已拍摄放大的染色体图片制作染色体组型图，并绘制染色体模式图。
②将染色体组型图上所测量的数据分别填入表 3-2，写出染色体形态类型。

表 3-2　染色体形态测量的数据

染色体序号	绝对长度/μm	相对长度/%	长臂长度/μm	短臂长度/μm	臂比（长臂/短臂）	染色体形态类型
1						
2						
3						
4						
5						
6						
7						
8						
9						
10						

③描述实验测到的染色体组型。

实验四 植物染色体的显带技术与带型分析

4.1 实验目的

学习植物染色体吉姆萨（Giemsa）分带技术和带型分析方法，进一步鉴别染色体结构和染色体组。

4.2 实验原理

染色体显带（又称染色体分带）是 20 世纪 60 年代末兴起的一项细胞学新技术。其基本原理是借助于酸、碱、盐、酶等特殊的处理程序，对植物有丝分裂中期的染色体进行染色，使其在一定部位显示出深浅不同的染色带。各染色体上染色带的数目、部位、宽窄与深浅具有相对的稳定性，因而为染色体形态鉴别增添了辨认的依据。染色体带纹的多样性反映了染色体的成分、结构、行为和功能的复杂性。因此，染色体带型分析为细胞遗传学、染色体工程等方面提供了新的研究手段。

植物染色体显带技术包括荧光分带和吉姆萨分带两大类。目前在植物上最常用的是吉姆萨分带技术，其中 C 带和 N 带较为常用。起初 C 带是指着丝粒异染色质带，后来发现不仅着丝粒，其他部位的结构异染色质也能同样显带，因而 C 带已成为结构异染色质带的通称。N 带是显示染色体上核仁组织区的分带方法。

染色体显带后，可根据染色体的带纹图像进行带型分析。

4.3 实验材料

洋葱（*Allium cepa*，$2n=16$）根尖。
蚕豆（*Vicia faba*，$2n=12$）根尖。
黑麦（*Secale cereale*，$2n=14$）根尖。
大麦（*Hordeum vulgare*，$2n=14$）根尖。
小麦（*Triticum aestivum*，$2n=42$）根尖。

4.4 实验用具、药品

（1）仪器用具

显微镜、冰箱、恒温水浴锅、恒温箱、半导体制冷器、电子天平、定时钟、容量瓶、试剂瓶、烧杯、量筒、染色缸、培养皿、载玻片架、载玻片、盖玻片、剪刀、镊子、刀片、滤纸、玻璃板、玻璃棒、精密试纸等。

（2）药品试剂

无水酒精、冰乙酸、1％乙酸洋红、0.1％秋水仙碱、0.05％秋水仙碱、0.1 mol/L 盐酸、1 mol/L 盐酸、吉姆萨粉剂、甘油、甲醇、柠檬酸钠、$Ba(OH)_2$、NaCl、$NaH_2PO_4 \cdot H_2O$、KH_2PO_4、$Na_2HPO_4 \cdot 12H_2O$、果胶酶、纤维素酶、卡诺氏固定液（1 份冰乙酸＋3 份无水酒精）等。

（3）试剂配制

吉姆萨母液：称取 0.5 g 吉姆萨粉剂，量取 33 mL 甘油、33 mL 甲醇，先用少量甘油将吉姆萨粉末在研钵中充分研磨至无颗粒，再用剩余甘油分次冲洗至棕色瓶，置于 56℃温箱内保温 2 h，加入甲醇，过滤后保存于棕色瓶中。

2.5％$Ba(OH)_2$：称取 5 g $Ba(OH)_2$，加入煮沸的蒸馏水中并定容至 100 mL，溶解后过滤，冷却到 18～28℃即可。

2×SSC（0.3 mol/L NaCl＋0.03 mol/L 柠檬酸钠）溶液：称取 17.53 g NaCl 和 8.82 g 柠檬酸钠，加蒸馏水定容至 1 000 mL。

1 mol/L NaH_2PO_4：称取 13.8 g $NaH_2PO_4 \cdot H_2O$，加蒸馏水定容至 100 mL。

1％纤维素酶和果胶酶混合液：称取 1 g 纤维素酶和 1 g 果胶酶，溶于蒸馏水中并定容至 100 mL。

Sörensen 磷酸缓冲液：A 液（1/15 mol/L KH_2PO_4），称取 9.07 g KH_2PO_4，加蒸馏水定容至 1 000 mL。B 液（1/15 mol/L Na_2HPO_4），称取 26.02 g $Na_2HPO_4 \cdot 12H_2O$，加蒸馏水定容至 1 000 mL。不同 pH Sörensen 磷酸缓冲液的配制方法如表 4-1 所示。

表 4-1　不同 pH Sörensen 磷酸缓冲液的配制

pH	A 液/mL	B 液/mL	pH	A 液/mL	B 液/mL
6.5	68.7	31.3	7.0	38.8	61.2
6.6	62.8	37.2	7.1	33.0	67.0
6.7	57.0	43.0	7.2	27.4	72.6
6.8	51.0	49.0	7.3	22.4	77.6
6.9	44.8	55.2	7.4	18.2	81.8

4.5　实验步骤

4.5.1　染色体分带

（1）材料准备

待洋葱鳞茎发根 2 cm 左右，切取根尖进行预处理。蚕豆种子浸种发芽，待幼根长至 3 cm 左右，切取根尖进行预处理。蚕豆主根根尖切去后继续长出的次生根，可再切取次生根根尖进行预处理。黑麦、大麦和小麦种子发芽至幼根长 1 cm 左右，切取白色的幼根进行预处理。

（2）预处理

洋葱和蚕豆根尖在 0.05％秋水仙碱溶液中预处理 2～3 h，处理温度一般为 25℃。预处理后须用清水冲洗多次，洗去药液。黑麦、大麦和小麦的根尖在 0℃冰水中预处理 24 h，或在 0.1％秋水仙碱溶液中预处理 2～3 h，然后用清水冲洗多次，洗去药液。

（3）固定

以上各材料经预处理后，放入卡诺氏固定液中固定 0.5～24 h，换 70％酒精，置于冰箱中保存备用。

（4）解离

洋葱、蚕豆根尖在 0.1 mol/L 盐酸溶液中置于 60℃恒温下处理 10～15 min。大麦根尖在 37℃下用 1%果胶酶处理 30 min，然后在 0.1 mol/L 盐酸溶液中置于 60℃下处理 5 min。黑麦、小麦根尖用 1%混合酶（1%纤维素酶＋1%果胶酶）在室温下处理 2 h，然后在 1 mol/L 盐酸溶液中置于 60℃恒温下处理 0.5 min。

（5）压片

与常规的植物染色体压片方法相同。在 45%乙酸中压片，制成白片。在相差显微镜下检查染色体分散程度，挑选出分裂相多，染色体分散均匀的片子。选出的玻片经液氮、干冰或半导体制冷器冻结，用刀片揭开盖玻片。置室温下干燥。

（6）空气干燥

脱水后的染色体标本一般需经过 4～7 d 的空气干燥，再进行分带处理。不同的材料所需干燥的时间不一样。洋葱对空气干燥时间的要求较严，未经空气干燥的染色体不显带，干燥一周后经显带处理能显示末端带，干燥半个月后能同时显示末端带和着丝点带。而蚕豆、黑麦、人麦和小麦则对干燥时间的要求不十分严格。

（7）显带处理

空气干燥后的染色体标本即可进行显带处理。处理方法不同，可显示不同的带型。

①C 带。

HSG 法（hydrochloric acid-saline Giemsa method）：将经空气干燥后的洋葱、蚕豆染色体标本浸入 0.2 mol/L 盐酸（25℃左右）分别处理 30 min 和 60 min。用蒸馏水冲洗多次后，在 60℃的 2×SSC 溶液中保温 30 min，再用蒸馏水冲洗数次，室温风干，即可染色。

BSG 法（barium-saline-Giemsa method）：将经空气干燥后的黑麦、大麦和小麦染色体标本浸入盛有新配制的 5%氢氧化钡饱和液的染色缸中，在室温条件下处理 5～10 min，然后用蒸馏水小心地多次冲洗浮垢后，在 60℃的 2×SSC 溶液中保温 60 min，再用蒸馏水冲洗数次，室温风干，即可染色。

②N 带。将黑麦、大麦和小麦种子发根 1 cm 左右切取，在 0℃冰水中预处理 24 h。卡诺氏固定液固定 0.5 h 以上，1%乙酸洋红染色液中染色 2 h，然后在 45%乙酸中压片，冰冻法揭开。而后在 45%乙酸 60℃条件下脱色 10 min，再在 95%酒精室温下脱水 10 min，气干过夜；最后在 1 mol/L NaH_2PO_4 溶液中 95℃恒温下保温 2 min，蒸馏水冲洗，气干后即可染色。

（8）吉姆萨染色

吉姆萨母液用 1/15 mol/L 磷酸缓冲液按一定的比例稀释。例如，10 份磷酸缓冲液加 1 份吉姆萨母液稀释即为 10：1。在一干净的玻璃板上，对称放置两根牙签或火柴棒，距离与载玻片上的材料范围相等。将带有材料的玻片翻转向下，放在牙签上，然后沿载玻片一边向载玻片与玻璃板之间的空隙内缓缓滴入染色液，在室温下染色。染色时间因材料而异，因吉姆萨染料批号不同，质量上有差异，因此其染色液浓度和染色时间需做适当调整。下列材料的染色液浓度和染色时间可供参考。

蚕豆 pH＝7.2　　10：1　　30 min

洋葱 pH＝7.2　　10：1　　15 min

大麦 pH＝6.8　　10：1　　30 min

黑麦 pH＝6.8　　20：1　　30 min

小麦 pH＝6.8　　20：1　　30 min

（9）镜检和封片

染色后的玻片标本，用蒸馏水洗去多余染料，染色过深可用磷酸缓冲液脱色。室温下风干后即可镜检，挑选染色体带型清晰的片子，用树胶封片。

4.5.2　染色体带型分析

经过上述处理的植物染色体标本，可以显示出 C 带或 N 带的带型一般有以下 4 种带型。

（1）着丝粒带（C 带）

带纹分布在着丝粒及其附近，大多数植物的染色体可显示 C 带。蚕豆、黑麦、大麦和小麦等的染色体着丝粒带比较清楚（图 4-1），洋葱染色体的着丝粒带较浅。

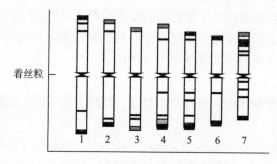

图 4-1　黑麦染色体 C 带模式图

（2）中间带（I 带）

带纹分布在着丝粒至末端之间，表现比较复杂，不是所有染色体都具有中间带。

（3）末端带（T 带）

带纹分布在染色体末端。洋葱和黑麦染色体具有典型的末端带，而蚕豆、大麦和小麦的末端带不明显。

（4）核仁缢痕带（N 带）

带纹分布在核仁组织者中心区。蚕豆的大 M 染色体和黑麦的第Ⅶ染色体具有这种带型。

同时具有以上 4 种带型的称为完全带，以"CITN"表示，其他称为不完全带，有"CIN"型、"CTN"型、"TN"型或"N"型。根据植物各染色体上显示的不同带纹和带纹的宽窄，可按染色体组型分析的方法对同源染色体进行剪贴排列，绘出模式图，从而对各染色体的带型做出分析。

4.6　实验作业

①制作吉姆萨 C 分带和 N 分带清晰的片子各 1 张。

②按制片材料所观察到的染色体显带对同源染色体剪贴排列，绘出带型模式图，并分析描述染色体带型的特点。

实验五　姐妹染色单体差别染色的方法

5.1　实验目的

了解姐妹染色单体差别染色技术的原理，掌握制作 SCE 标本的方法。

5.2　实验原理

在 DNA 半保留复制过程中，核苷的类似物 5-溴脱氧尿嘧啶核苷（5-bromodeoxyuridine，BrdU）可以代替核苷酸掺入新合成的 DNA 链，并占据 T 的位置。当细胞在含有适当浓度 BrdU 的培养液中经历两个细胞分裂周期之后，中期染色体的两条姐妹染色单体的 DNA 双链在化学组成上就有了差别：一条染色单体（BB）的 DNA 双链的 T 位完全由 BrdU 代替，而另一条染色单体（TB）的 DNA 双链中的一条链含有 BrdU，另一条链不含 BrdU（若只在第一周期用 BrdU 处理，再转入含 T 的溶液中培养第二周期，结果会形成 TB 和 TT）（图 5-1）。用吉姆萨或席夫试剂染色后，由于其中两条 DNA 链都含 BrdU 的单体染色较浅，而只有一条链含 BrdU 的单体染色相对较深，所以两条姐妹染色单体在染色上就存在明显差异。当染色体处在细胞分裂中期时，姐妹染色单体之间若在某些部位已发生互换（sister-chromatid exchange，SCE），则在互换处可见一对界限明显、颜色深浅对称的互换片段，故 SCE 易于计数，即使在一定距离内发生多次互换，也可被检测出来。

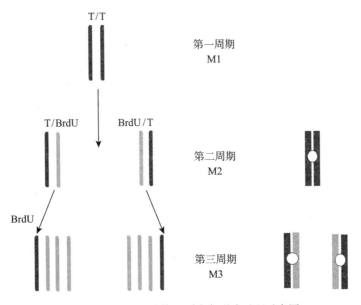

图 5-1　姐妹染色单体差别染色形成过程示意图

诱导 SCE 的环境胁迫因子很多，包括物理胁迫因子，如光、射线、温度、噪声、超声波、高渗压等；化学胁迫因子，如核苷酸库不平衡（nucleotide-pool imbalance）、重金属、自由基等；生物胁迫因子，如病毒等。此外，生物体的年龄（年轻人比老年人细胞生长速率快，SCE 频率低）、行为方式（吸烟可能改变了机体 DNA 损伤的修复能力，吸烟者 SCE 频率的变化同吸烟时间长短有关）、细胞分化（SCE 率下降可能代表细胞的分化和成熟）、遗传背景（遗传因素对人淋巴细胞自发 SCE 频率有影响，这种影响可能与 X 染色体有密切关系）等也在一定程度上影响 SCE 频率。本实验采用诱变剂（如重铬酸钾）来处理根尖细胞以观察 SCE 的数量变化情况。

5.3　实验材料

普通小麦（*Triticum aestivum*，$2n=42$）种子。
蚕豆（*Vicia faba*，$2n=12$）种子。

5.4　实验用具、药品

（1）仪器用具
显微镜、冰箱、培养皿、载玻片、盖玻片、镊子、刀片、解剖针、玻璃棒、吸水纸、滤纸、标签、铅笔等。

（2）药品试剂
重铬酸钾（$K_2Cr_2O_7$）、5-溴脱氧尿嘧啶核苷（BrdU）、无水酒精、95％酒精、80％酒精、70％酒精、1 mol/L 盐酸、冰乙酸、席夫试剂、亚硫酸氢钠、卡诺氏（Carnoy's）固定液（1 份冰乙酸＋3 份无水酒精）、碱性品红、活性炭、秋水仙碱、对二氯苯、α-溴萘、8-羟基喹啉、正丁醇、叔丁醇、二甲苯、中性树胶等。

（3）试剂配制
10 μg/mL 重铬酸钾（$K_2Cr_2O_7$）：取基准重铬酸钾，在 120℃ 干燥至恒重后，称取 10 mg，置 1 000 mL 容量瓶中，加水适量使其溶解并稀释至刻度，摇匀，即得。

50 μg/mL 5-溴脱氧尿嘧啶核苷（$C_9H_{11}BrN_2O_5$，BrdU）：称取 5-溴脱氧尿嘧啶核苷 50 mg，置 1 000 mL 容量瓶中，加水适量使其溶解并稀释至刻度，摇匀，即得。注意，该品为白色粉末，对肌体有不可逆损伤的可能性，使用时应穿防护服和戴手套，同时避免吸入本品的粉尘。

席夫试剂（Schiff）：将 0.5 g 碱性品红（basic fuchsin）溶于 100 mL 热蒸馏水中，使之充分溶解，待溶液冷却至 50℃ 时过滤，再冷却到 25℃ 时加入 10 mL 1 mol/L 盐酸（HCl）和 1 g 亚硫酸氢钠（$NaHSO_3$）或 1.5 g 偏重亚硫酸钠（$Na_2S_2O_5$），放置暗处，静置 24 h 后，加 0.25～0.5 g 活性炭摇荡 1 min，过滤，溶液呈无色，装入棕色瓶中塞紧瓶塞，保存在冰箱内（0～4℃），用前预先取出，使之恢复至室温后再用。如溶液呈粉红色就不能用，须重配，一般配完 2 d 之内使用。

5.5　实验步骤

普通小麦种子浸种 1 h、蚕豆种子浸种 24 h 后，置于培养皿内的湿滤纸上，在 25℃恒温箱中暗培养；待根长至 1~2 cm 时，将种子和根一起移入盛有实验所需的 BrdU 溶液的培养皿中，继续在 25℃避光条件下培养 28 h 左右。诱变剂处理时，种子和根一起在 BrdU 溶液中培养一个细胞周期（14 h）后，取出浸入含诱变剂的溶液中避光培养 1 h，流水冲洗后再转入 BrdU 溶液中继续培养生长一个细胞周期。

剪取根尖 0.5~1.0 cm，浸入盛有 0.05%秋水仙碱青霉素瓶中，25℃避光处理 3.5~4.0 h，再转入新配制的卡诺氏固定液中，在上述条件下固定 8 h 以上。

吸去固定液，用蒸馏水清洗后，分别以不同 HCl 浓度、温度、时间进行处理，以摸索最佳水解条件。

以席夫试剂染色至根尖呈深紫红色（1 h），按本教材实验一的做法进行压片，观察正常处理和诱变处理的分染效果并统计 SCE 频率后，再进行永久片制作。

5.6　实验作业

①拍摄正常处理和诱变处理的有丝分裂中期的图像清晰的细胞相各 1 张保存在计算机中，打印出来后粘贴在实验报告纸上。

②统计正常处理和诱变处理下 SCE 的频率，比较处理效果，解释原因。

实验六　植物染色体荧光原位杂交

6.1　实验目的

了解荧光原位杂交（fluorescence *in situ* hybridization，FISH）技术的基本原理及其在生物学各领域中的应用，掌握原位杂交技术的操作方法和荧光显微镜的使用方法。

6.2　实验原理

荧光原位杂交是一门新兴的分子细胞遗传学技术，是 20 世纪 80 年代末期在原有的放射性原位杂交技术的基础上发展起来的一种非放射性原位杂交技术。目前这项技术已广泛应用于动植物基因组结构研究、染色体精细结构变异分析、病毒感染分析、人类产前诊断、肿瘤遗传学和基因组进化研究等许多领域。FISH 的基本原理是用已知的标记单链核酸为探针，按照碱基互补的原则，与待检染色体标本未知的单链核酸进行特异性结合，形成可被检测的杂交双链核酸。由于 DNA 分子在染色体上是沿着染色体纵轴呈线状排列，因而可以将探针直接与染色体进行杂交从而将特定的基因在染色体上定位。与传统的放射性标记原位杂交相比，荧光原位杂交具有快速、检测信号强、杂交特异性高和可以多重染色等特点，因此在分子细胞遗传学领域受到普遍关注。

原位杂交所用的探针可以分为 3 类：

①染色体特异重复序列探针，如 α 卫星、卫星 Ⅲ 类的探针，其杂交靶位常大于 1 Mb，不含散在重复序列，与靶位结合紧密，杂交信号强，易于检测。

②染色体或染色体区域特异性探针，由一条染色体或染色体上某一区段上极端不同的核苷酸片段组成，可由克隆到噬菌体和质粒中的染色体特异大片段获得。

③特异性位置探针，由一个或几个克隆序列组成。探针的荧光素标记可以采用直接或间接标记的方法。间接标记法是采用生物素标记的 dUTP（biotin-dUTP）经过缺口平移法进行标记，杂交之后用偶联有荧光素的抗生物素的抗体进行检测，同时还可以利用几轮抗生物素蛋白-荧光素、生物素化的抗-抗生物素蛋白、抗生物素蛋白-荧光素的处理，将荧光信号进行放大，从而可以检测 500 bp 的片段。直接标记法是将荧光素直接与探针核苷酸或磷酸戊糖骨架共价结合，或在缺口平移法标记探针时将荧光素核苷三磷酸掺入。直接标记法在检测时步骤简单，但由于不能进行信号放大，因此灵敏度不如间接标记法。

6.3　实验材料

陆地棉（*Gossypium hirsutum*，2n＝52，AD 染色体组）、海岛棉（*Gossypium barbadense*，2n＝52，AD 染色体组）和亚洲棉（*Gossypium arboreum*，2n＝26，A 染色体组）染

色体标本，由种子根通过酶解法制备。

6.4 实验用具、药品

玻璃试管（5 mL）、细尖镊子、载玻片架、玻璃染色缸、载玻片、盖玻片、剃须刀刀片、带 10×物镜的解剖镜、带相差物镜的显微镜（10×，40×）、用缝衣针制成的"挤压针"、1 对皮下注射针头（25 G，25 mm）、湿润温箱（加有 1 个盖子的塑料盒子，内衬有蒸馏水或 45％乙酸浸湿的纸）、滤纸或层析纸条、金刚钻笔、装有液氮的罐或块状干冰、夹钳或长镊子、存放载玻片的塑料盒等。

实验试剂见实验步骤。

6.5 实验步骤

6.5.1 染色体标本制备

用于原位杂交的染色体制片，应注意以下两个方面：①完全排除细胞壁和细胞质对染色体的覆盖，以提高探针对靶 DNA 的可及性；②染色体应牢固地附着在盖玻片或载玻片上，以避免高温处理和反复洗涤过程中染色体脱落。染色体标本的制备方法见实验一。

6.5.2 杂交前处理

杂交前处理的目的有二，其一是用 RNA 酶处理，充分降解细胞中的 RNA，以减少干扰。其次是充分干燥和重固定，以防止染色体脱落。杂交前处理步骤如下：

①染色体在 40～60℃烘箱中过夜。

②在气干片上加 30 μL/mL　RNA 酶 A 液，盖 22 mm×22 mm 封口膜 37℃处理 1 h。

③用 2×SSC 洗去盖玻片，并在室温下洗涤 2 次，各 10 min。SSC 液配制方法见实验四。

④转入 4％（多聚）甲醛 37℃处理 10 min［1.2 g（多聚）甲醛溶于 25 mL 水中，加 20 μL 10 mol/L NaOH，于 80℃溶解，冷却加 5 mL 1×PBS 缓冲液，再调节 pH 为 7.5，现用现配，用 HCl 调节 pH］。

⑤转入 2×SSC 洗 2×10 min。

⑥迅速转入乙醇梯度 70％、80％、100％各 5 min，气干备用。

6.5.3 探针制备

探针一般是指用来检测某一特定核苷酸序列或基因序列的 DNA 片段或 RNA 片段。根据核酸分子探针的来源及其性质可以分为基因组 DNA 探针、cDNA 探针、RNA 探针及人工合成的寡核苷酸探针等。根据目的和要求的不同，可以采用不同类型的核酸探针。探针标记主要的方法有缺刻平移法和随机引物标记法，本实验介绍缺口平移法标记基因组 DNA。

（1）试剂及配制方法

10×缺刻平移缓冲液。

0.5 mol/L Tris-HCl，pH 7.8。

0.05 mol/L $MgCl_2$。

1 mg/mL BSA（去核酸酶）。

未标记的核苷酸混合液：dCTP、dGTP 和 dATP 分别用 100 mmol/L Tris-HCl（pH 7.5）配成 0.5 mmol/L 溶液，然后按 1∶1∶1 混合。

Dig-标记核苷酸混合液：Dig-11-dUTP（1 mmol/L 贮存液）和 dTTP（1 mmol/L 贮存液）混合，最终浓度为 0.35 mmol/L Dig-11-dUTP 和 0.65 mmol/L dTTP。

biotin 标记：0.4 mmol/L biotin-11-dUTP。

荧光素标记核苷酸混合液：用荧光素-11-dUTP 或罗丹明-4-dUTP（1 mmol/L 贮存液）和 dTTP（1 mmol/L 贮存液）按 1∶1 混合。

DNA 聚合酶Ⅰ：0.4 U/μL。

（2）配制过程

①1.5 mL 微型离心管中加入下列溶液：5 μL 10×缺刻平移缓冲液、5 μL 未标记的核苷酸混合液、1 μL Dig-标记核苷酸混合液、2.5 μL 0.4 mmol/L biotin-11-dUTP 或 2 μL 荧光素标记核苷酸混合液、1 μL 100 mmol/L 二硫苏糖醇（DTT）、X μL DNA 相当量至 1 μg、Y μL 水，总体积为 45 μL。

②加 5 μL DNA 聚合酶/DNA 酶Ⅰ溶液，轻轻混合并稍加离心。

③置 15℃温育 90 min。

④加 5 μL 0.3 mol/L EDTA（pH 8.0）终止反应。

⑤加 5 μL 3 mol/L NaAc（或 5 μL 4 mol/L LiCl）和 150 μL 冰冷却的 100%乙醇。

⑥在−20℃过夜或在干冰上冷却 1～2 h 使 DNA 沉淀。

⑦在−10℃，12 000g 离心 30 min。

⑧倒掉上清液，加 0.5 mL 冷却的 70%乙醇洗涤沉淀物，如步骤⑦离心 5 min。

⑨倒掉上清液，至沉淀物变干。

⑩用 1×TE 重新悬浮 DNA。基因组探针用 10 μL，克隆探针用 10～100 μL。

6.5.4 变性和杂交、洗脱

在 DNA 与 DNA 杂交之前，探针和靶 DNA 以及封阻 DNA 都必须变性成为单链 DNA。RNA 探针虽是单链，但有时也会局部形成分子间的双链，因此，通常也进行变性处理。靶 RNA 作为单链分子固定在核质中，所以无需变性。变性方法可分为两种，即探针和靶 DNA 分别变性或共变性。科学家普遍认为后者优为前者。

（1）杂交混合液的配制

杂交混合液现配现用，并可在−20℃冰箱保存约 6 个月。其配方如下：20 μL 100%甲酰胺、8 μL 50%（质量体积分数）硫酸葡聚糖、4 μL 20×SSC、4 μL 探针、X μL 封阻 DNA、Y μL 10%（质量体积分数）SDS 水溶液，加至总量 40 μL。

（2）DNA 变性

在涡流混合器上混匀后，于 90℃变性 10 min，转入冰水中至少 5 min。

（3）杂交

预备杂交湿盒（加 2×SSC），于 80℃预热；取 20 μL 杂交液滴于载玻片上，加盖

22 mm×22mm 塑膜盖片，放于杂交盒中，80℃共变性 10 min（各载玻片需分开放置）；将杂交盒转移到 37℃水浴中复性过夜。

（4）杂交后的洗脱

杂交后的洗脱是为了除去探针与靶 DNA 之间的非特异性结合物，以及未参与杂交的多余探针，从而降低背景。因此，洗脱强度会直接影响杂交结果。洗脱分为高严格度和低严格度两种。高严格度是指甲酰胺浓度、高温和低离子浓度，高严格度洗脱，只有碱基完全互补的特异杂交体得以保存。反之，低严格度洗脱，染色体上原位杂交的信号会增多，但非专一性的背景信号也随之增加。一般先用低严格度洗脱，再根据杂交信号强弱及背景情况决定是否用高严格度洗脱。一般的洗脱程序如下：用 2×SSC 于 37℃洗脱盖片 5 min×2；在 20%甲酰胺（0.1%×SSC 配制）中于 37℃洗 10 min；2×SSC，37℃，3 min×3；冷却 5 min；室温下，2×SSC，3 min×3；2×SSC，37℃和室温洗脱各一次，每次 5 min。

6.5.5　杂交信号的检测

不同标记的探针，其杂交信号的检测方法不同，其中生物素标记探针杂交的检测如下：

（1）试剂及配制方法

BSA 封阻液：5%（质量体积分数）BSA 溶于 4×SSC/吐温（0.2%吐温 20 溶于 4×SSC）。

偶联的 Advidin：稀释适当的偶联物至 BSA 封阻液中，如 Texas 红，使用浓度为 5 μg/mL，荧光素 5 μg/mL，辣根过氧化物酶 10 μg/mL。

正常的山羊血清封阻液：5%（体积分数）山羊血清溶于 4×SSC/吐温。

生物素标记的抗-抗生物素蛋白：5 μg/mL 生物素标记的抗-抗生物素蛋白溶于山羊血清封阻液。

（2）检测方法

制片在 4×SSC/吐温中处理 5 min，每片上加 200 μL BSA 封阻液，加盖玻片，处理 5 min；去盖玻片，甩干 BSA 封阻液，加 30 μL 偶联的 Advidin，加盖玻片，于 37℃温育 1 h；用 4×SSC/吐温液于 37℃洗 8 min×3。

（3）信号放大

在制片上加 200 μL 正常山羊血清封阻液，加盖玻片，处理 5 min；甩去上述溶液，加 30 μL 生物素标记的抗-抗生物素蛋白，加盖玻片，37℃温育 1 h；用 4×SSC/吐温于 37℃洗涤 8 min×3；在 BSA 封阻液中处理 5 min；用 4×SSC/吐温于 37℃洗涤 8 min×3。

6.5.6　复染和封片

DAPI 的激发光和发射光的波长均不覆盖 Texas 红、罗丹明或 FITC 的荧光。此外，PI 也可以用于 FITC 的复染，前者为红色，后者为绿色荧光。实验方法如下：

（1）试剂及配制方法

复染缓冲液（pH 7.0）：18 mL 的 A 液和 82 mL 的 B 液混合，pH＝7.0。其中 A 为 0.1 mol/L 柠檬酸，B 为 0.2 mol/L Na_2HPO_4。

DAPI：100 μg/mL DAPI 水溶液为贮存液，在－20℃保存。贮存液用复染缓冲液稀释至 2 μg/mL 为工作液，-20℃保存。

PI：100 μg/mL PI 水溶液为贮存液，在-20℃保存。使用前用 4×SSC/吐温(0.2%)稀释为 2.5 μg/mL。

（2）操作步骤

DAPI：每片加 100 μL DAPI，加盖玻片，处理 10 min；用 4×SSC/吐温稍加洗涤，抗衰剂封片。

PI：每片加 100 μL PI，加盖玻片，处理 10 min；用 4×SSC/吐温稍加洗涤，封片同上。

注意：PI 不能与 Texas 红、罗丹明等红荧光染料复染。

荧光染料染色后，为防止荧光快速衰减，可用 90% 甘油（体积分数）、苯二胺配制抗衰减剂封片。

6.5.7 镜检

图 6-1、图 6-2 分别为亚洲棉 rDNA 和陆地棉 gDNA 荧光原位杂交图片。

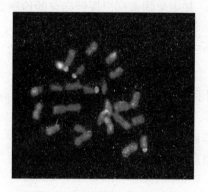 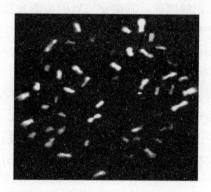

图 6-1　亚洲棉 rDNA FISH　　　　　图 6-2　陆地棉 gDNA（亚洲棉）FISH

6.6 实验作业

分别制作用小麦 A、B、D 基因组 DNA 为探针的普通小麦荧光原位杂交片子各 1 张，并进行染色体组型分析和染色体组分析。

实验七　果蝇的性状观察与杂交

7.1　果蝇识别与性状观察

7.1.1　实验目的

了解果蝇的生活史，识别雌雄果蝇，观察识别常见的几种果蝇突变型。

7.1.2　实验原理

果蝇（Drosophila）为完全变态的双翅目昆虫，具有生活史短、突变型多、染色体数目少（$2n=8$）、繁殖率高、饲养简便等特点，是遗传学研究的优良实验材料。遗传学实验中常用的果蝇是黑腹果蝇（Drosophila melanogaster）。果蝇的生活史包括卵、幼虫、蛹和成虫4个阶段。果蝇的性染色体属于XY型，雌蝇为XX，雄蝇为XY。雌雄个体在成虫期较易识别。雄蝇个体一般小于雌蝇，腹部环纹5条，腹端钝圆且有黑斑，前足的跗节前端表面有黑色性梳。雌蝇腹部环纹7条，腹端尖且无黑斑，前足跗节上无性梳，如图7-1和表7-1所示。

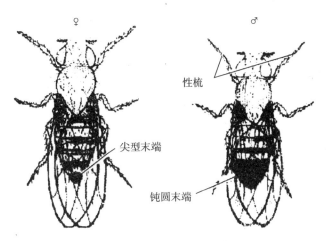

图 7-1　雌雄果蝇的识别

表 7-1　雌雄果蝇的主要形态特征

性状	雌蝇	雄蝇
体型	较大	较小
腹部末端	腹端尖、无黑斑	腹端钝、有黑斑
腹背黑色环纹	7条（可见5条）	5条（可见3条）
腹片数	6片	4片
性梳	无	有，位于前足跗节上
外生殖器	阴道板、肛上板	生殖弧、肛上板及阳具等

果蝇的突变性状很多，已培育成许多纯合的突变品系。遗传学实验常用的一些品系及其性状表现见表 7-2。

表 7-2　果蝇中常见的一些突变品系

品系名称	基因符号	表现型	基因定位
野生型	+	红眼、长翅、灰体、直刚毛	
白眼	w	复眼白色	X1.5
棒眼	b	复眼棒状、小眼数少	X57.0
残翅	vg	翅残缺、不能飞	ⅡR6.0
小翅	m	翅小与腹部等长	X36.1
卷刚毛	sn	刚毛卷曲	X21.0
黑檀体	e	体乌木色、黑亮	ⅢR70.7
黄体	y	体淡黄色	X0.0

7.1.3　实验材料

黑腹果蝇（*Drosophila melanogaster*，$2n=8$）野生型品系：红眼、直刚毛、长翅、灰体（++、++、++、++）

黑腹果蝇突变型品系：①白眼、卷刚毛、小翅、黄体（ww、snsn、mm、yy）。②长翅、黑檀体（++、ee）。③残翅、灰体（vgvg、++）。

7.1.4　实验用具、药品

（1）仪器用具

双筒解剖镜、恒温箱、高压蒸汽灭菌锅、天平、放大镜、培养瓶、麻醉瓶、白瓷板、海绵板、镊子、用纱布包裹的棉球或海绵块瓶塞、吸水纸、标签、毛笔、铅笔、胶水等。

（2）药品试剂

玉米粉、酵母粉、蔗糖、乙醚、70％酒精、丙酸、琼脂、蒸馏水等。

（3）培养基

玉米粉培养基（配制方法见附录Ⅰ）。

7.1.5　实验步骤

（1）麻醉前处理

实验前，用 70％酒精棉球将镊子、白瓷板擦干净，毛笔尖用手指揉软（保持笔尖干燥）。为了便于观察，需将果蝇进行麻醉处理。

（2）果蝇转移

将饲养有果蝇的培养瓶垂直在海绵板上轻敲或用手轻拍瓶壁，使果蝇震落在培养瓶底部，迅速取下瓶塞，将麻醉瓶口与培养瓶口对接，使培养瓶在上，右手轻拍瓶壁，将果蝇震落在麻醉瓶中，然后用纱布包裹的棉球或海绵块的瓶塞塞住瓶口。如培养瓶内的培养基已成糊状或流体状，在两瓶口对接时，将空瓶在上，用双手或黑纸遮住培养瓶，使果蝇因趋光而进入麻醉瓶中。

（3）麻醉

轻拍移入果蝇的瓶壁，使之震落在瓶底，然后斜开棉球瓶塞，在瓶塞上滴上 2～3 滴乙醚后，立即塞紧。待果蝇全部昏迷后，将果蝇倒在白瓷板上进行观察。如观察过程中发现果蝇开始苏醒，可在靠近果蝇处滴 1 滴乙醚，并盖上培养皿将其再度麻醉。对仍需饲养的果蝇宜轻度麻醉，以便复苏。

（4）果蝇外部形态和雌雄个体的识别

果蝇分头、胸、腹 3 部分。头部有 1 对大的复眼、3 个单眼和 1 对触角；胸部有 3 对足、1 对翅，在后足和翅之间有 1 对平衡棒；腹背有黑色环纹，腹面有腹片；外生殖器在腹部末端。先观察果蝇的外部形态，用肉眼识别雌雄个体，然后用解剖镜或显微镜观察性梳。对实验所选用的一些突变性状，如红眼与白眼、正常翅与小翅、残翅、黑檀体、灰体等需进行仔细观察，并用解剖镜鉴定直刚毛与卷刚毛等。观察完毕后，把不需要的果蝇倒入盛有煤油或酒精的瓶中（死蝇盛留器）。准备继续饲养的果蝇，应在果蝇苏醒前用毛笔将其移入横卧于桌上的培养瓶的瓶壁上，待其完全苏醒后再将培养瓶竖起。

7.1.6　实验作业

观察果蝇的外部形态特征，图示雌雄果蝇的主要区别。

7.2　果蝇两对相对性状的杂交

7.2.1　实验目的

通过果蝇两对相对性状遗传的杂交实验，验证独立分配规律。

7.2.2　实验原理

根据已知的基因定位，可选用适当的果蝇突变品系进行杂交遗传实验，观察和统计杂交后代的性状表现，从而验证性状遗传的基本规律。

7.2.3　实验材料

①长翅、黑檀体（＋＋、ee）。
②残翅、灰体（vgvg、＋＋）。

7.2.4　实验用具、药品

（1）仪器用具

恒温箱、高压蒸汽灭菌锅、天平、培养瓶、麻醉瓶、白瓷板、海绵板、吸水纸、标签、毛笔、铅笔、胶水等。

（2）药品试剂

玉米粉、酵母粉、蔗糖、丙酸、琼脂、70％酒精、乙醚、蒸馏水等。

（3）培养基

玉米粉培养基（配制方法见附录Ⅰ）。

7.2.5 实验步骤

（1）亲本饲养

以果蝇长翅、黑檀体（＋＋、ee）品系和残翅、灰体（vgvg、＋＋）品系作亲本。杂交前 10～15 d 在 20～25℃下分别在恒温箱中饲养繁殖，一般每瓶放 5 对。亲本饲养时应注意性状保纯，严防混杂。

（2）收集处女蝇

在杂交实验时，选用的雌蝇必须是处女蝇。一般雌蝇羽化后 12 h 不会交配，所以杂交前应将原先供繁殖的亲本和产生的后代从培养瓶中全部倒出（可转移到新的培养瓶中任其继续繁殖），以后每隔 6～8 h 对新羽化的果蝇做雌雄鉴别，并将雌雄蝇分开饲养。处女蝇在杂交实验前 2～3 d 陆续收集、备用。

（3）杂交

每组用已收集的处女蝇，按残翅、灰体（♀）×长翅、黑檀体（♂），长翅、黑檀体（♀）×残翅、灰体（♂）的正反交组合各做 1 瓶。每瓶放雌雄果蝇 5 对，贴上标签，注明杂交组合、杂交日期和实验者姓名，置于 20～25℃恒温箱中饲养。

（4）观察统计

杂交后 7～8 d 可见 F_1 幼虫孵化，此时移去亲本，幼虫化蛹羽化成蝇后，观察翅形和体色，不论正反交，其 F_1 个体应全部表现为野生型的长翅、灰体。然后取 F_1 雌雄果蝇 5 对放入新的培养瓶中（正反交各 1 瓶，此时不需要处女蝇），在 20～25℃下饲养。当 F_2 幼虫孵化时，移去亲本，幼虫化蛹羽化成蝇后开始观察，并按翅形和体色分类统计，记录不同表现型的果蝇数，以后每隔 2～3 d 统计 1 次，连续统计 1 周。统计过的死蝇即可投入死蝇盛留器中。

7.2.6 实验作业

将果蝇两对相对性状杂交实验的观察结果填入表 7-3，并对观察资料进行 χ^2 检验，讨论实验结果是否符合独立分配规律。

表 7-3 果蝇两对性状遗传的杂交实验结果

世代	统计日期	残翅、灰体（♀）×长翅、黑檀体（♂）				长翅、黑檀体（♀）×残翅、灰体（♂）			
		长翅、灰体	长翅、黑檀体	残翅、灰体	残翅、黑檀体	长翅、灰体	长翅、黑檀体	残翅、灰体	残翅、黑檀体
F_1									
	合计								
F_2									
	合计								
	比例								

实验八　果蝇的伴性遗传

8.1　实验目的

通过果蝇杂交实验，掌握果蝇杂交技术，验证伴性连锁遗传规律。

8.2　实验原理

伴性遗传是指性染色体上基因所决定的某些性状总是伴随性别而遗传的现象。例如，果蝇野生型红眼（X^+）和突变型白眼（X^W）是一对相对性状，分别位于 X 染色体上，X^+ 对 X^W 显性。由于果蝇的性别决定为 XY 型（图 8-1），且 Y 染色体上没有与 X 染色体上相对应的基因，所以将显性纯合的红眼雌蝇（X^+X^+）与白眼雄蝇（X^WY）杂交，F_1 不论雌雄均表现为红眼。F_1 雌雄个体互交，F_2 红眼与白眼的比例为 3:1，但无白眼雌蝇。另以白眼雌蝇和红眼雄蝇杂交，F_1 雄蝇表现为母本的白眼性状，而雌蝇表现为父本的红眼性状，呈交叉遗传。F_1 雌雄个体互交，F_2 红眼与白眼的比例为 1:1，其中雌雄蝇各占一半，这是伴性遗传的特征。由于 F_1 的性状表现随组合的雌雄亲本的性状而不同，所以 F_1 雌雄个体互交时，F_2 的性状分离也随雌雄个体而异。

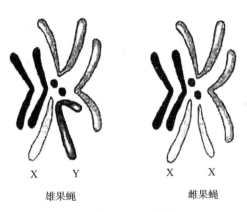

X　　Y　　　　　　　X　　X

雄果蝇　　　　　　　　雌果蝇

图 8-1　果蝇的染色体

果蝇的性染色体属于 XY 型，雌蝇为 XX，雄蝇为 XY。雌雄个体在成虫期较易识别。雄蝇个体一般小于雌蝇，腹部环纹 5 条，腹端钝圆且有黑斑，前足的跗节前端表面有黑色性梳。雌蝇腹部环纹 7 条，腹端尖且无黑斑，前足跗节上无性梳（图 7-1）。在杂交实验时，选用的雌蝇必须是处女蝇。一般雌蝇羽化后 12 h 不会交配，所以杂交前应将原先供繁殖的亲本和产生的后代从培养瓶中全部倒出，以后每隔 6～8 h 对新羽化的果蝇进行雌雄性鉴别，并将雌雄蝇分别饲养。

8.3　实验材料

果蝇（*Drosophila melanogaster*，$2n=8$）野生型红眼品系（♀为 X^+X^+，♂为 X^+Y）和突变型白眼品系（♀为 X^WX^W，♂为 X^WY）。

8.4　实验用具、药品

（1）仪器用具

双筒解剖镜、恒温箱、高压蒸汽灭菌锅、天平、放大镜、培养瓶、麻醉瓶、白瓷板、海绵板、镊子、用纱布包裹的棉球或海绵块瓶塞、吸水纸、标签、毛笔、铅笔、胶水等。

（2）药品试剂

玉米粉、酵母粉、蔗糖、乙醚、70%酒精、丙酸、琼脂、蒸馏水等。

（3）培养基

玉米粉培养基（配制方法见附录Ⅰ）。

8.5　实验步骤

（1）亲本饲养

以红眼雌雄果蝇及白眼雌雄果蝇分别近亲交配，每瓶放 5 对，置于 20～25℃恒温箱中饲养。

（2）收集处女蝇

杂交前 2～3 d 将亲本果蝇和已羽化的成蝇全部移出，以后每隔 6～8 h 对新羽化的果蝇作雌雄鉴别，并分开单独饲养，收集备用。

（3）杂交

取红眼处女蝇和白眼雄蝇各 5 只，放入培养瓶中作正交组合：红眼（♀）×白眼（♂）。另取白眼处女蝇和红眼雄蝇各 5 只，放入培养瓶中作反交组合：白眼（♀）×红眼（♂）。贴上标签，注明组合名称、杂交日期、实验者姓名，置于 20～25℃恒温箱中饲养。

（4）观察统计

杂交 7～8 d 后，从培养瓶中移去亲本，15～20 d 后 F_1 幼虫先后化蛹羽化成蝇，观察记录 F_1 个体的性别和眼色；同时作正反交组合各 1 瓶，即分别取 F_1 雌蝇和雄蝇各 5 只移入新的培养瓶中互交；此时的雌蝇无需处女蝇，置于 20～25℃下饲养。7～8 d 后移去亲本，至 F_2 成蝇出现后观察记录性别和眼色，以后隔 3 d 观察统计 1 次。

8.6　实验作业

将果蝇伴性遗传杂交实验的观察结果填入表 8-1。对观察结果进行 χ^2 检验，讨论实验结果是否符合理论比例。

表 8-1　果蝇伴性遗传的杂交实验结果

世代	统计日期	红眼（♀）×白眼（♂）				白眼（♀）×红眼（♂）			
		雌蝇		雄蝇		雌蝇		雄蝇	
		红眼	白眼	红眼	白眼	红眼	白眼	红眼	白眼
F_1									
	合计								
F_2									
	合计								
	比例								

实验九　果蝇基因的连锁交换和基因定位

9.1　实验目的

利用果蝇性染色体上已知的基因进行三点测验，验证连锁遗传规律；练习基因定位和绘制连锁遗传图的方法。

9.2　实验原理

在向下一代传递时，位于同一染色体上的不同基因连在一起不相分离的现象，称为连锁。但位于同源染色体上的基因可以发生交换，因此只要准确地估算出交换值，就可确定这些基因在染色体上的相对位置，绘制出连锁遗传图。

果蝇的三点测验就是将白眼、卷刚毛、小翅（wsnm/wsnm）三隐性突变体雌蝇与红眼、直刚毛、长翅（＋＋＋/Y）野生型雄蝇杂交，则 F_1 可产生三杂合体雌蝇（wsnm/＋＋＋）和三隐性体雄蝇（wsnm/Y）。由于 Y 性染色体上不携带相应的等位基因，因而表现出 X 染色体上 3 个隐性基因所控制的性状，它相当于一个三隐性纯合个体。用 F_1 三杂合体雌蝇和三隐性体雄蝇测交，通过观察和统计测交后代各种表现型的个体数，就可估算出这些基因间的交换值，由此确定基因在染色体上的相对位置，绘制出连锁遗传图。

9.3　实验材料

果蝇野生型品系：红眼、直刚毛、长翅（＋＋、＋＋、＋＋）。
果蝇突变型品系：白眼、卷刚毛、小翅（ww、snsn、mm）。

9.4　实验用具、药品

（1）仪器用具
双筒解剖镜、恒温箱、高压蒸汽灭菌锅、天平、放大镜、培养瓶、麻醉瓶、白瓷板、海绵板、吸水纸、标签、毛笔、铅笔、胶水等。
（2）药品试剂
玉米粉、酵母粉、蔗糖、丙酸、琼脂、70％酒精、乙醚、蒸馏水等。
（3）培养基
玉米粉培养基（配制方法见附录Ⅰ）。

9.5　实验步骤

（1）亲本培养

杂交前 10～15 d，从果蝇三隐性突变型品系和野生型品系中，各选雌雄蝇 5 对，分别放入各自的培养瓶中进行近亲繁殖，置于 20～25℃ 恒温箱中饲养。

（2）收集处女蝇

杂交前 2～3 d，把以上亲本果蝇培养瓶中已羽化的成蝇全部移出，以后每隔 6～8 h 对新羽化的果蝇作雌雄鉴别，分开培养，收集处女蝇备用。

（3）杂交

取白眼、卷刚毛、小翅处女蝇（wsnm/wsnm）和野生型雄蝇（＋＋＋/Y）各 5 只，放入新的培养瓶中配对杂交，贴上标签，注明组合、杂交日期和实验者姓名，置于 20～25℃ 恒温箱中饲养。7～8 d 后 F₁ 幼虫出现，移去亲本，待幼虫化蛹羽化成蝇后，观察记录雌雄个体的眼色、刚毛、翅形的性状表现。

（4）测交

取 F₁ 表现为野生型的雌蝇（无需处女蝇）与三隐性雄蝇亲本各 5 只，放入新的培养瓶中配对杂交，在 20～25℃ 恒温箱中饲养，7～8 d 后幼虫出现后移去亲本，待幼虫化蛹羽化成蝇后，观察统计测交后代的雌雄个体及其性状表现。

（5）观察统计

将果蝇麻醉后，倒在白瓷板上，先将果蝇按眼色和翅形分为 4 类，即红眼、长翅，红眼、小翅，白眼、长翅，白眼、小翅。再在解剖镜下检查刚毛性状（直刚毛或卷刚毛），将果蝇分为 8 类，并分别计数。以后每隔 3 d 观察统计 1 次，连续观察统计 3 次。如测交后代群体较小，可将各组的数据相加，进行综合分析。

9.6　实验作业

①将果蝇三点测验的杂交实验结果填入表 9-1，根据测交后代 8 种表现型，推断这 3 对基因的排列顺序。

②计算各基因间的交换值，绘制连锁遗传图。

表 9-1　果蝇三点测验的杂交实验结果

类　别	基因型	表现型	观察数	基因间是否交换		
				w-sn	sn-m	w-m
亲本型						
单交换 I						
单交换 I						
双交换						
合　计						
交换值						

实验十　果蝇唾腺多线染色体的观察

10.1　实验目的

学习解剖果蝇三龄幼虫的唾腺及唾腺染色体的制片方法，观察果蝇唾腺多线染色体。

10.2　实验原理

果蝇的唾腺位于幼虫前端的食道两侧和神经球附近（图 10-1）。剖取果蝇唾腺细胞进行制片观察，可见到一个由 4 对染色体的着丝粒结合形成的染色中心，以及向四周伸展的 5 条染色体臂（X、2L、2R、3L、3R），其中第 4 对染色体为粒状，与染色中心密切相连，总称为唾腺染色体（图 10-2）。

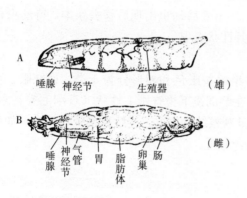

图 10-1　果蝇三龄幼虫及唾腺位置　　　　　　　图 10-2　果蝇唾腺染色体

A. 三龄雄虫侧面图　B. 三龄雄虫解剖图

果蝇唾腺染色体是一种典型的多线染色体。它是果蝇唾腺细胞核内有丝分裂所致，即核内染色体中的染色线连续复制而染色体并不分裂，结果使每条染色体中的染色线可多达 500～1 000 条，其长度和体积分别比其他细胞的染色体长 100～200 倍、大 1 000～2 000 倍，因此也称巨型染色体。由于每条染色体的染色线在不同的区段螺旋化程度不一，因而出现一系列宽窄不同、染色深浅不一或明暗相间的横纹。不同染色体的横纹数量、形状和排列顺序是恒定的。利用这些特征不仅可以鉴别不同的染色体，还可以结合遗传实验结果进行基因定位。

10.3　实验材料

果蝇（*Drosophila melanogaster*，$2n＝8$）三龄幼虫活体。

10.4　实验用具、药品

（1）仪器用具

显微镜、双筒解剖镜、培养皿、载玻片、盖玻片、镊子、解剖针、吸水纸、酒精灯、火柴等。

（2）药品试剂

无水酒精、冰乙酸、1‰乙酸洋红、生理盐水（0.7％NaCl）、1 mol/L 盐酸、蒸馏水等。

（3）培养基

玉米粉培养基（配制方法见附录Ⅰ）。

10.5　实验步骤

（1）幼虫饲养

选野生型雌雄果蝇各 5 只，放入培养瓶中配对繁殖，置于 16～18℃饲养，当幼虫爬上瓶壁准备化蛹前，即为三龄幼虫，是制备唾腺染色体的最理想时期。

（2）唾腺剖取

选取发育良好、虫体肥大的三龄幼虫，置于载玻片上，加几滴 0.7％生理盐水，在双筒解剖镜下左手持镊子压住虫体中后部，右手持解剖针按住头部（即口器稍后处），轻轻向前拉动，使头部扯离虫体，从而拉出唾腺。这时可看到 1 对透明微白的长形小囊，即是由单细胞层构成的唾腺，在解剖镜下隐约可见其细胞界限，唾腺的一侧有 1 条泡沫状脂肪体，用解剖针剔除，以保证制片质量。整个剖取过程须在生理盐水中进行。

（3）解离

把载玻片上的幼虫其他部分除去，用吸水纸小心吸去生理盐水（注意吸水纸应离唾腺远些，以免吸附唾腺），加 1 滴 1 mol/L 盐酸，解离 2～3 min，使组织疏松，以便压片时细胞分散，染色体展开。

（4）染色

用吸水纸吸去盐酸，加 1 滴蒸馏水轻轻冲洗后吸干，加 2 滴 1‰乙酸洋红染色 15～20 min。

（5）压片

盖上盖玻片，在酒精灯上略作加热，然后用吸水纸包裹玻片，吸干多余染色液，并用手指轻压盖玻片，再用铅笔的橡皮头或解剖针柄垂直轻敲，或进一步用拇指在盖玻片上适当用力压片，注意勿使盖玻片移动。

（6）观察

先在低倍镜下找到分散相好的唾腺染色体，然后调高倍镜观察，对染色体分散、横纹清晰的片子，应仔细观察染色体的横纹数量、形状和排列顺序，并对照模式照片辨认出不同的染色体臂。

10.6　实验作业

①每人制 2 张染色体分散、横纹清晰的临时片。

②绘出镜检时所观察到的唾腺染色体，并参照模式照片中染色体的横纹特征，对每条染色体臂进行编号。

实验十一 染色体结构变异和数量变异的观察

11.1 染色体结构变异的观察

11.1.1 实验目的

了解和鉴别各种染色体结构变异在减数分裂过程中的细胞学特征。

11.1.2 实验原理

染色体结构变异主要有缺失（deficiency）、重复（duplication）、倒位（inversion）和易位（translocation）4 种。其发生过程一般是同源染色体或非同源染色体之间在断裂后重接时发生差错的结果。在减数分裂过程中，染色体结构变异的杂合体常表现出不正常的细胞学行为，从而导致特殊的细胞学特征。在粗线期观察，缺失杂合体或重复杂合体可见到染色体突出的环或瘤；倒位杂合体可见到倒位圈，或在分裂后期出现染色体桥；易位杂合体可见到"十"字形联会，或在其终变期出现四体环或四体链。

11.1.3 实验材料

植物染色体结构变异的照片、幻灯片和永久片。

玉米（*Zea mays*，$2n=20$）第 9 染色体臂间倒位、第 8 与第 10 染色体相互易位（$T_{8\sim10}$）杂合体植株的雄穗。

经 ^{60}Co γ 射线处理的大麦（*Hordeum vulgare*，$2n=14$）、蚕豆（*Vicia faba*，$2n=12$）等植物的种子。

11.1.4 实验用具、药品

（1）仪器用具

幻灯机、显微镜、水浴锅、培养皿、载玻片、盖玻片、镊子、解剖针、刀片、温度计、纱布、吸水纸等。

（2）药品试剂

无水酒精、70%酒精、冰乙酸、45%乙酸、1 mol/L 盐酸、丙酸-水合氯醛-铁矾-苏木精染色液等。

11.1.5 实验步骤

（1）了解染色体结构变异的细胞学特征

观看照片、幻灯片和永久片，了解染色体各种结构变异的细胞学特征。

（2）观察染色体行为特征

观察玉米倒位、易位杂合体的花粉母细胞减数分裂过程中的染色体行为特征。

①制片。玉米雄穗的取材、固定及其花粉母细胞的减数分裂制片，方法见实验二。

②镜检。

倒位：观察玉米第9染色体臂间倒位杂合体在粗线期所形成的倒位圈。

易位：在粗线期中可观察到第8和第10染色体所形成的"十"字形交叉。终变期可观察到由两对染色体相互易位所组成的8个二价体和1个圆环（8Ⅱ＋O_4），由两对染色体相互易位所组成的8个二价体和1个链状（8Ⅱ＋C_4）及3对染色体易位形成的7个二价体和1个大环（7Ⅱ＋O_6）。

（3）观察电离辐射引起的染色体结构变异

①取材、固定。将经照射后的种子发芽，待根长1 cm左右时切取根尖，卡诺氏固定液固定0.5～24 h后，转入70％酒精保存。

②解离。取根尖用水洗净，放入试管，加1 mol/L盐酸浸没根尖，在60℃恒温下解离10～15 min。

③染色制片。丙酸-水合氯醛-铁矾-苏木精染色法（参见实验二）：为便于压碎根尖可用两块载玻片将材料放中间，然后分开，加1滴45％乙酸，分色软化，再用盖玻片压片。

④镜检。观察后期染色体桥、断片和间期的微核。

11.1.6　实验作业

①镜检观察玉米倒位、易位杂合体花粉母细胞减数分裂过程中染色体的行为，并绘图，分别描述染色体结构变异的特点。

②镜检观察辐射处理后各种染色体畸变，进行绘图，并注明畸变类型及其特点。

11.2　染色体数量变异的观察

11.2.1　实验目的

了解和鉴别各种染色体数量变异在减数分裂过程中的细胞学特征。

11.2.2　实验原理

用偏凸山羊草（*Aegilops ventricosa*，DDM^{V}M^V，$2n＝28$）与硬粒小麦（*Triticum durum*，AABB，$2n＝28$）杂交，得到的杂种F_1（ABDM^V，$2n＝28$）是单倍体。对其做花粉母细胞观察，在第一次减数分裂中期和后期可以看到28个单价体，基本看不到同源染色体的配对。按理说，这样的杂种F_1是完全不育的，但实际上却在一个F_1植株上收到了1粒种子，由这粒种子长出的F_2植株经检查其染色体数是$2n＝56$。这说明杂种F_1的花粉母细胞和卵母细胞在减数分裂时形成了不减数的配子，而F_2植株实际上是一个双二倍体（AABBDDM^{V}M^V，$2n＝56$）。但这个双二倍体并不能稳定遗传，在其后代中衍生出大量的非整倍体（$2n＝49～55$），其中包含了大量的减数分裂异常情况。

11.2.3　实验材料

植物染色体数量变异的照片、幻灯片和永久片。

小麦与山羊草杂种及其后代的花粉母细胞减数分裂制片。

11.2.4　实验用具

计算机及投影仪、显微镜。

11.2.5　实验步骤

（1）了解染色体数量变异的细胞学特征

观看照片、幻灯片和永久片，了解染色体各种数量变异的细胞学特征。

（2）观察小麦远缘杂交后代减数分裂永久制片

杂种 F_1 是单倍体，花粉母细胞中只有 28 个单价体，减数分裂时二次分裂不明显或只表现为第二次分裂。减数分裂中期所有单价体不能整齐地排列在赤道板上，而是随机地散布在赤道板周围；减数分裂后期各个单价体随机向各个方向移动，形成四分体或多分体。

杂种 F_2～F_8 是非整倍体，减数分裂过程正常，但第一次分裂中期可观察到单价体和多价体，第一次分裂后期可观察到染色体的落后，偶尔可看到染色体桥；第一次分裂末期和四分体期可看到有落后染色体形成的数量不一的微核。通过仔细计数，可明确各个杂种世代的染色体数。

11.2.6　实验作业

将所观察到的永久片中的细胞学特征（指染色体数、染色体配对行为、有无单价体或多价体、有无染色体桥或落后染色体产生、有无多分体或微核产生等）填入表 11-1。

表 11-1　永久片中的细胞学特征

玻片号	终变期	中期 I	后期 I	染色体数	单价体	二价体	多价体	染色体桥	落后染色体	多分体	微核	是否为整倍体

实验十二　人类 X 染色质（巴氏小体）标本的制备与观察

12.1　实验目的

了解 X 染色质的形态特征，掌握 X 染色质的制备方法。

12.2　实验原理

1948 年，加拿大神经生物学家 Murry Llewellyn Barr 与学生 Bertram 用猫的神经元进行一项神经生物学研究，但最后却产生了重要的细胞遗传学发现：在雌猫神经元中存在 X 染色质（巴氏小体），而雄猫神经元中没有。他与学生以更多哺乳纲代表性动物的不同组织做观察，结果发现这些动物不同组织的体细胞中，同样显示雌雄二型现象。1960 年，Ohno 和 Hauschka 提出 X 染色质实际上是一条在细胞分裂间期收缩的异染色质化的 X 染色体。一年后，Lyon 研究了小鼠 X 染色体连锁的皮毛颜色基因突变体，进一步指出异染色质化的 X 染色体可以来自父本，也可以来自母本，并在遗传上没有活性，这种随机失活是为平衡两性之间（XX-XY）性染色体上的基因剂量而采取的一种特殊的调控方式。目前已经知道 X 染色体的失活始于胚胎发育早期，在 X 染色体长臂靠近着丝点的一段序列控制 X 染色体的失活。将这段序列易位到常染色体，也能引起常染色体失活。

但用活体组织来检测 X 染色体总是不方便的。1955 年，Moor 与 Barr 改用口腔黏膜上皮细胞进行检测取得了成功，发明了"颊涂片"，使取材和制片都变得非常简单。1968—1992 年，X 染色质检测曾被国际奥林匹克委员会用于检测女选手的遗传性别。

12.3　实验材料

女性口腔黏膜细胞、发根毛囊细胞。

12.4　实验用具、药品

（1）仪器用具

显微镜、牙签、解剖针、载玻片（非常干净）、盖玻片、记号笔、擦镜纸等。

（2）药品试剂

无水酒精、95％酒精、70％酒精、冰乙酸、45％乙酸、5 mol/L 盐酸、中性树胶、二甲苯、香柏油、卡宝品红染色液、硫堇染色液等。

12.5 实验步骤

12.5.1 获取实验材料

（1）女性口腔黏膜细胞

被取样者用水漱口后，以牙签钝头在口腔一侧用力刮取，弃去第一次得到的刮取物，在同一部位继续刮取得到深层的表皮细胞，将它们涂抹在干净载玻片上，反复几次，使载玻片上的材料尽量抹厚些。迅速将载玻片插入装有固定液的染色缸中固定 30 min 以上，然后取出在空气中晾干。

（2）发根毛囊细胞

拔下女性头发（白发也可以）1～2 根，将根部带有完整白色毛囊组织部分置于载玻片中央，滴一滴 45％乙酸处理 5～10 min，待毛发软化后用解剖针将外层毛囊的组织细胞轻轻刮下，弃去毛干，用解剖针将载玻片上的组织细胞摊平，在空气中晾干。

12.5.2 染色和制片

（1）卡宝品红染色和制片

①在晾干的载玻片上直接滴上卡宝品红染色液，染色 10 min。

②在 95％酒精中分色 1～3 min。

③在无水酒精中继续分色 2 次，每次 1 min。

④用二甲苯透明 2 次，每次约 3 min，直接盖上盖玻片封片（或用树胶封片）后观察。

（2）硫堇染色和制片

①将晾干的载玻片置于 5 mol/L 盐酸中室温水解 20 min。

②自来水换洗 3 次，再用蒸馏水漂洗 2～3 min。

③硫堇染色 30 min。

④蒸馏水漂洗 3 s。

⑤70％酒精分色 3 s。

⑥95％酒精分色 1 min，无水酒精分色 2 次，每次 1～2 min。用二甲苯透明 2 次，每次约 3 min，直接盖上盖玻片封片（或用树胶封片）后观察。

12.5.3 镜检

将标本置于显微镜下观察，先用低倍镜观察，可见深色的细胞核，再用油镜观察。这时镜下所显示的结构均为细胞核，细胞膜和细胞质因未染色而看不到。选择较典型的可计数细胞进行观察。X 染色质一般紧贴在

巴氏小体

图 12-1 紧贴核膜内缘的 X 染色质

核膜内缘（图 12-1），长 1～15 μm，染色深，常呈三角形、馒头形，有时为梭形或其他形状。正常女性细胞 X 染色质出现率一般为 $10\%～30\%$，也可高达 50% 以上。

12.6 实验作业

绘制口腔黏膜细胞或发根毛囊细胞 X 染色质图。

实验十三　植物单倍体的诱导与鉴定

13.1　实验目的

掌握植物细胞全能性的基本原理；了解花药培养的一般方法和技术以及在植物育种工作中的应用，掌握水稻和小麦花药培养诱导单倍体植株的方法，熟练运用组织培养的基本技术。

13.2　实验原理

单倍体（haploid）是指生物体具有其配子中染色体数目（n）的个体。植物细胞具有发育上的全能性，即植物体的任何一个细胞在一定条件下都具有发育成一个完整个体的潜在能力。因此，用离体培养花药的办法，可以使花药内的花粉发育成完整的植株。因植物的花粉是由花粉母细胞经减数分裂后形成的，因此离体培养的植株也是单倍体。单倍体的植物在育种以及现代分子生物学研究中具有十分重要的意义。

花药培养诱导分化成苗大致通过两条途径：一种是胚状体途径，即花粉粒不断分裂形成细胞团，经过类似胚胎发育的过程形成胚状体，然后直接长出根和芽，如烟草、曼陀罗等。另一种是不定芽途径，培养的花药先形成一些无结构的细胞团，将其转移到分化培养基上，逐步分化出根和芽，最后形成完整植株。影响植物花药培养的因素主要有供体植物的基因型、小孢子的发育阶段、培养基成分和培养条件等。

13.3　实验材料

普通小麦（*Triticum aestivum*，$2n=42$）花药、水稻（*Oryza sativa*，$2n=24$）花药。

13.4　实验用具、药品

（1）仪器用具

显微镜、超净工作台、高压蒸汽灭菌锅、分析天平、药物天平、剪刀、镊子、容量瓶、酒精灯、酸度计、磁力搅拌器、250 mL 锥形瓶、移液管、电炉、烘箱等。

（2）药品试剂

培养基配方及药品见附录Ⅳ。

13.5　实验步骤

（1）用具的灭菌

将实验中所用的玻璃器皿、解剖工具等清洗干净后，用蒸馏水再冲洗一遍，最后放入烘箱，在 120℃ 高温下灭菌 20 min 后备用。

（2）培养基的选择

组织培养在很大程度上依赖于培养基的选择，不同的培养基有不同的特点，在实际应用时应根据所用的外植体种类和基因型做出选择，一般小麦用 W14 培养基，而水稻则用 N_6 培养基。

（3）母液的配制

母液的配制见附录Ⅳ。按附录Ⅳ配方称取各种药品，配成大量元素、微量元素、铁盐的母液，在大烧杯内以磁力搅拌器将溶液充分混匀后装入试剂瓶，放在冰箱内保存。有机生长物质及植物激素每一种单独配成一定浓度的溶液，如可将激动素配成 2 mg/mL 的溶液。注意有些药品难溶于水，可采用其他溶剂助溶，2,4-D 先用 1 mol/L NaOH 溶解后，再加水至所需浓度。激动素先用少量 1 mol/L HCl 溶解后再加水至所需浓度。

（4）培养基的配制

用量筒取大量元素溶液 100 mL、微量元素溶液 10 mL、铁盐 5 mL，按所需浓度加入有机生长物质及植物激素，按上述培养基配方称取蔗糖，称 15 g 琼脂，在容量瓶内用蒸馏水定容至 1 000 mL。将溶液倒入烧杯内用加热磁力搅拌器将其充分溶解，调节 pH 为 5.8。将培养基分装到锥形瓶内，大约每瓶分装 25 mL。用特制的封口纸将锥形瓶封口，在高压蒸汽灭菌锅内，1.15×10^5 Pa（120℃）下灭菌 20 min。灭菌完毕后将锥形瓶取出放在平整的桌面上，待培养基冷却凝固后备用。

（5）外植体选择

影响外植体选择的因素主要有以下几点。

①基因型。实践表明植物的遗传背景对花药培养关系很大，水稻中籼稻的花药愈伤组织诱导率只有 1%～2%，而粳稻却为 40%～50%。

②生理状态。亲本植株的生理状态对诱导频率有很大的关系，如在大田中生长的植株比在温室中培养的植株花药愈伤组织的诱导频率高。不同季节种植的作物，诱导频率也有差别。

③花粉的发育时期。通过花药培养的实践，人们认识到并非任何发育时期的花粉都可以通过离体培养诱导出愈伤组织，只有在一定的发育时期最为有效。小麦、玉米处在花粉发育的单核中期效果最佳，而水稻和曼陀罗的花粉从单核中期到双核早期都可得到良好的效果，不同的植物有一些区别，但总的来说单核期的花粉容易培养成功。

（6）取材

从外部形态上看，处在花粉发育单核期的小麦旗叶叶耳距旗叶下一片叶的叶耳距离为 10 cm，水稻则为平齐时，可以取穗。用改良苯酚品红染液染色做一细胞学镜检，确认发育时期。

（7）预处理

将合适的材料取回，把叶子剪掉只留下包裹的叶鞘，将其插入到烧杯的水中在 3～5℃ 的冰箱中低温处理 3～5 d，以提高其出愈能力。

（8）接种

用脱脂棉球蘸 70% 酒精擦拭叶鞘，在超净工作台内剥取花药，将其接种到 W14 或 N_6

诱导愈伤组织的培养基上，每个培养瓶内接种 20～30 个花药。注意在操作过程中严格遵守无菌操作的要求，尽量减少污染。

（9）培养

将培养瓶放到 26℃ 的培养箱中进行恒温培养，在诱导愈伤组织阶段可以不加光照。若室温适宜也可直接在室内条件下培养。

（10）转移

大约 2 周后，愈伤组织可长到 1.5～2 mm，此时应及时把愈伤组织转到 MS 分化培养基上。将培养瓶放入加有人工照明的 26℃ 恒温培养箱内进行光照培养。

（11）移栽

当再生植株长出较为发达的根系后，即可将培养瓶内的植株移栽到土中，可以连同培养基一起转移，尽可能保持原来的生长条件，同时在栽到土壤中的第 1 周内应在小苗上罩一大烧杯，以保持湿度。

（12）单倍体植株的鉴定

①形态鉴定。与正常的二倍体植株相比，单倍体植株一般都比较弱小，且高度不育，可从其生长势、植株和叶片大小、开花情况等与二倍体植株相区分。

②细胞学鉴定。

（a）根尖细胞染色体数目的鉴定：制备根尖细胞染色体标本，在显微镜下统计染色体的数目并与二倍体的植物细胞进行对比，染色体标本制备方法见实验一。

（b）减数分裂观察：制备花粉母细胞的减数分裂标本（见实验二），在显微镜下进行观察并照相记录结果。与正常二倍体细胞相比，单倍体在减数分裂过程中出现染色体不配对等现象，最终形成不育的配子。

13.6　实验作业

①单倍体植物的形态及减数分裂有什么特点？

②详细记录实验过程，特别是花药在培养过程中不同时期的变化特征。统计成苗率，观察单倍体植株有无白化苗，并分析原因。

实验十四　植物多倍体的诱导与鉴定

14.1　实验目的

学习应用秋水仙碱溶液诱发植物多倍体（polyploid）的方法，观察鉴定多倍体的形态特征及其细胞学特点。

14.2　实验原理

植物多倍体是指植物体细胞中含有 3 个或 3 个以上染色体组的个体。多倍体可自然发生，也可人工诱发。人工诱发最有效的方法是利用从百合科植物秋水仙（*Colchicum autumnale*）中提取的秋水仙碱进行处理。秋水仙碱的分子式为 $C_{22}H_{25}NO_6$，常用的有效浓度为 $0.01\%\sim0.4\%$，用它的水溶液浸渍、涂抹或点滴植物的分生组织，可以抑制细胞分裂时纺锤体的形成，使细胞不能分裂为二，但不影响染色体的复制，因而使染色体得到加倍，而细胞没有分裂，以致细胞内染色体数目成倍地增加，成为多倍体细胞。由多倍体的组织分化产生的性母细胞，经减数分裂所产生的雌雄配子也必然是多倍体，这样通过受精仍形成多倍体植株。

鉴定多倍体植株的方法有两种：形态学鉴定是观测叶片气孔的保卫细胞及花、果实、种子的形态，花粉粒的大小及育性等性状的变异，这是一种间接的鉴定方法。细胞学鉴定是观察根尖、茎尖分生组织或花粉母细胞的染色体数目，这是一种直接的鉴定方法。在显微镜下观察细胞或其内含物的大小时，通常需借助于目镜测微尺和镜台测微尺。一般目镜测微尺的刻度全长为 5 mm，分成 50 格或 100 格。镜台测微尺的刻度全长 1 mm，分为 100 格，每小格长度为 0.01 mm。由于使用的显微镜放大倍数不同，目镜测微尺所代表的实际长度也不同。故使用前必须先求出目镜测微尺和镜台测微尺两者刻度间的换算值，其具体方法是：在显微镜下把目镜中的目镜测微尺与放在载物台上的镜台测微尺两者的刻度线对准并重合，计数二者重合刻度线间的格数，然后按下式计算目镜测微尺每格的实际长度（μm）。

目镜测微尺每格长度（μm）＝重合线内的镜台测微尺格数/对应的目镜测微尺格数×10

在使用显微镜观测标本时，即可移去镜台测微尺，根据目镜测微尺量出被测物体的格数，乘以换算值，即得实际长度（μm）。当变换显微镜的目镜或物镜放大倍数时，须重新计算换算值。注意不同的显微镜即使放大倍数相同，或同一显微镜非同一次使用，也必须分别测算其换算值。

14.3　实验材料

水稻（*Oryza sativa*，$2n=24$）、大麦（*Hordeum vulgare*，$2n=14$）、黑麦（*Secale cereale*，2n＝14）、亚洲棉（*Gossypium arboreum*，2n＝26）、西瓜（*Citrullus vulgaris*，2n＝22）、蚕豆（*Vicia faba*，2n＝12）、洋葱（*Allium cepa*，2n＝16）。

14.4　实验用具、药品

（1）仪器用具

显微镜、目镜测微尺、镜台测微尺、烧杯、培养皿、载玻片、盖玻片、剪刀、镊子、刀片、解剖针、纱布、吸水纸等。

（2）药品试剂

秋水仙碱、改良苯酚品红染色液、无水酒精、冰乙酸、1％碘-碘化钾、1 mol/L 盐酸等。

（3）试剂配制

1％秋水仙碱母液：称 1 g 秋水仙碱，先用少量酒精溶解，再用蒸馏水稀释至 100 mL。

14.5　实验步骤

14.5.1　多倍体的诱发

（1）水稻、大麦

取已有 5～6 片叶的水稻或大麦幼苗，洗净根部，用刀片在分蘖处割一浅伤口，然后浸入 0.05％秋水仙碱溶液中，在 20～25℃条件下处理 4～5 d，并保持足够的光线。处理后用水洗净幼苗进行盆栽，以便与对照观察比较。

（2）蚕豆、亚洲棉

取刚萌动的蚕豆、亚洲棉等种子，放在 0.05％秋水仙碱溶液中，在 20～25℃条件下处理 24 h。然后用水洗净，培育一段时间，待根长到 0.5～1.5 cm 时，将根剪下，置于 0～4℃低温下处理 24 h，然后放入卡诺氏固定液中备用。处理后的未剪根幼苗，用水洗净后进行盆栽，以便与对照观察比较。

（3）洋葱

剪除洋葱老根，然后置于盛满清水的瓶口上，新根长出后，移至盛有 0.05％～0.1％秋水仙碱溶液中处理 24 h 至根尖膨大为止，取出用水洗净，剪下根尖，放入卡诺氏固定液中备用。

（4）西瓜

西瓜胚根长到 1～1.5 cm 时，将胚根浸渍在盛有 0.2％～0.4％秋水仙碱溶液的培养皿中，在 25℃条件下处理 20～24 h，取出用水洗净，剪下根尖，放入卡诺氏固定液中备用。

14.5.2　多倍体鉴定

（1）植株形态特征的观察

观察比较水稻、大麦、黑麦等作物二倍体及其四倍体的植株、穗、种子标本及照片；观察比较二倍体、三倍体、四倍体西瓜的花蕾、果实及育性。

（2）叶片气孔保卫细胞的测定

叶片气孔是由两个保卫细胞组成，双子叶植物的保卫细胞多呈肾脏形（图 14-1），单子叶植物的保卫细胞多呈哑铃形。测量保卫细胞时，仔细撕取二倍体和四倍体植株的叶片下表皮，置于载玻片上，并加 1～2 滴 1%碘-碘化钾，盖上盖玻片。在高倍镜下用测微尺测量气孔保卫细胞的大小。移动制片，观察叶表皮不同部位的气孔，分别测量 10 个保卫细胞的长度和宽度，求其平均值。同时计数各保卫细胞中的叶绿体数。

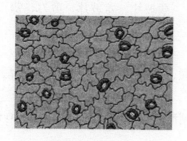

二倍体叶片气孔

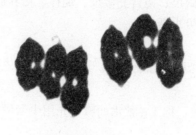

二倍体花粉母细胞减数分裂中期6个二价体

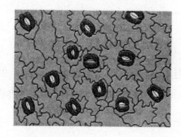

四倍体叶片气孔

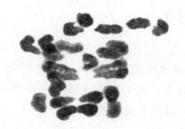

二倍体花粉母细胞减数分裂中后期12个二价体开始分离

图 14-1　蚕豆叶片气孔和花粉母细胞减数分裂中期染色体

（3）花粉粒的鉴定

从秋水仙碱处理成长的植株和对照植株上采摘新鲜的或已固定的花蕾或颖花，取其花药中花粉涂抹于载玻片上，加 1～2 滴 1%碘-碘化钾，盖上盖玻片。测量 10～20 个花粉粒直径的数值，求其平均值。

（4）染色体数目的检查

将秋水仙碱处理和未处理材料的根尖、花蕾或幼穗分别固定，采用压片或涂抹制片，然后镜检观察，进行染色体计数。

14.6　实验作业

①与对照植物相比，用秋水仙碱处理后的植物或器官有哪些不同特征？

②将二倍体和多倍体气孔保卫细胞性状和花粉粒大小的观察结果填入表 14-1，分别统计，进行比较，并做出解释。

③你观察到的被诱导植物的染色体数是多少？诱导后得到了哪些染色体数目变异类型？

表 14-1　植物二倍体和多倍体的叶片气孔保卫细胞和花粉粒的鉴定

植物名称	倍数性	染色体数	叶片气孔保卫细胞			花粉粒直径/μm
			长/μm	宽/μm	叶绿体数	

实验十五　植物细胞微核制片技术

15.1　实验目的

了解微核测试的原理及在生活中的意义,学习蚕豆根尖的微核测试技术。

15.2　实验原理

微核(micronucleus,MN)是一种类似细胞核的结构,它位于间期细胞的细胞质中,其形状近似椭圆形、卵圆形或圆形,而且边缘光滑整齐。虽然它在染色性质、结构特征和折光性等方面与细胞核(主核)相似,但它独立存在,不与主核连在一起。微核大小不一,有的较大,有的较小,不仅在不同植物和同种植物的不同细胞中是这样,即使在同一细胞中也常常是如此。无论它存在于何处,是何因子诱导而成,其体积总比所在细胞的主核小,其直径一般只有主核的1/20~1/3,所以称为微核。

微核的产生与细胞的内外环境有关,主要是由于各种具有损伤性的理化因子影响了染色体的结构与功能,使胞内DNA的复制和细胞分裂受到干扰以及纺锤体的形成出现了障碍。有人认为,细胞微核的形成有两条途径:一是细胞间期产生的染色体片段因没有着丝粒,在细胞有丝分裂后期不能被纺锤体牵引到细胞两极,故在细胞进入间期时,它们被排斥在细胞的主核之外,形成微核。二是一些染色体因种种原因,不能按时达到细胞的中央赤道板;或到达了细胞中央赤道板,但不能很好分离;或纺锤体的功能受到损伤,致使染色体不能被纺锤体牵引到细胞两极。由于上述原因,使一些染色体滞留在赤道板附近或细胞质中,在细胞进行分裂时不能参与细胞主核的形成,成为游离于细胞中的微核。此外,细胞受放射线严重照射时,一些DNA双链发生断裂,产生错误修复和间期细胞核严重膨胀,在某一部分向外隆起形成瘤状突起(核芽),然后瘤状突起尾部收缩,脱离细胞核,游离在细胞质中也可形成微核。也有人认为,细胞凋亡能引起细胞内 Ca^{2+} 浓度升高,进而激活DNA内切酶,使其活性增加,产生较多的DNA片段或细胞组分不正常(如缺乏叶酸),也在细胞中形成微核。由此可见,微核的形成有多种途径和多种方式,而且它们中的染色体也不完全一样,既可以是有着丝粒的染色体,也可以是没有着丝粒的染色体片段,或者二者都有。

正常生物的微核率很低,但环境中的诱变物质可使微核率成倍升高,因此可通过微核测试来监测环境的变化。有研究表明以植物进行微核测试与以动物进行的测试一致率可达99%以上。目前微核测试已经广泛应用于辐射损伤、辐射防护、化学诱变剂、新药试验、染色体遗传疾病级癌症前期诊断等方面。

蚕豆根尖细胞的染色体大,DNA含量高,因而对诱变因子反应敏感。利用蚕豆根尖作为实验材料进行微核测试,可准确显示各种处理诱发畸变的效果,并可用于污染程度的监测。

15.3　实验材料

蚕豆（*Vicia faba*，2n＝12）种子。

15.4　实验用具、药品

（1）仪器用具

显微镜、恒温箱、水浴锅、培养皿、载玻片、盖玻片、剪刀、镊子、解剖针、刀片、纱布、吸水纸等。

（2）药品试剂

1％氯化钴、无水酒精、70％酒精、冰乙酸、1 mol/L 盐酸、改良苯酚品红染色液等。

15.5　实验步骤

①25℃下浸泡蚕豆种子 24 h，中间换水 2 次。

②用纱布包裹蚕豆种子在 25℃恒温箱中催芽 12～24 h。此时初生根开始长出。

③将发芽良好的种子转入有湿滤纸的培养皿中 25℃下继续生长 36～48 h。此时初生根已长至 1～2 cm。

④将初生根转入放有 1％氯化钴溶液的培养皿中继续生长 6 h（不同组可设置不同时间处理，如 6 h、12 h 等，看哪个处理的效果较好）；同时以蒸馏水处理作为对照。

⑤将处理后种子用蒸馏水浸洗 3 次，每次 2～3 min，然后继续放入有湿滤纸的培养皿中培养 24 h。

⑥切下 1 cm 长的根尖用卡诺氏固定液固定 2～24 h。

⑦用实验一的方法进行细胞解离和染色体压片，在显微镜下观察分生组织细胞的微核发生情况。

微核识别标准：一是在主核大小的 1/3 以下，并与主核分离的小核；二是小核着色与主核相当或稍浅；三是小核形态为圆形、椭圆形或不规则形。

15.6　实验作业

①每个制片计数 1 000 个细胞中的微核数，比较处理与对照的微核千分率大小，并说明理由。

②比较不同处理时间的微核千分率大小，并说明理由。

实验十六 大肠杆菌转化

16.1 实验目的

通过实验了解原核生物实现基因转移和重组的途径，掌握质粒 DNA 遗传转化的基本原理和操作方法。

16.2 实验原理

转化（transformation）是指一种生物由于特异性吸收了另一种生物的遗传物质，并将其整合到自身的基因组内，从而获得了后者的某些遗传性状或者发生某些遗传性状的改变。转化是一个自然存在的过程。人们把细菌处于容易吸收外源 DNA 的状态称为感受态细胞，处于感受态和非感受态的细菌都可以吸附 DNA，但是只有处于感受态的细菌所吸附的 DNA 是稳定的，不易被洗脱掉。细菌的感受态可以人工诱导，用理化方法诱导细菌进入感受态的操作称为致敏过程。重组 DNA 转化细菌的技术关键是致敏过程的操作，又称感受态细胞的制备过程。

目前应用较广的转化方法主要有两种：$CaCl_2$ 转化法（化学转化法）和电转化法。$CaCl_2$ 转化法的原理是细菌处于低温（0℃）和低渗的 $CaCl_2$ 溶液中，菌体膨胀，转化混合物中的 DNA 形成抗 DNase 的羟基-钙磷酸复合物黏附于菌体表面，在 42℃进行短时间的热击处理，促进 DNA 的吸收。在丰富培养基上培养使细胞复原并分裂增殖，在被转化的细胞中，外源 DNA 所携带的基因在转化体内进行表达，因而可以在选择培养基上筛选出转化子。电转化法则是依靠短时间的电击促使 DNA 进入细胞。

16.3 实验材料

质粒 pBluescript SK：编码氨苄青霉素的抗性基因。大肠杆菌（*Escherichia coli*）J M109菌株：氨苄青霉素敏感型。

16.4 实验用具、药品

（1）仪器用具
摇床、冷冻离心机、移液器、三角瓶、离心管、平板、聚丙烯管等。
（2）药品试剂
LB 液体培养基、冰冷的 $CaCl_2$ 溶液、含氨苄青霉素的 LB 平板、质粒 DNA 等。

16.5 实验步骤

①接种 *E. coli* JM109 单菌落于 50 mL LB 液体培养基中，于 37℃下 250 r/min 培养过夜。

②在 500 mL 的三角瓶中加入 200 mL LB 液体培养基，然后加入 2 mL 培养过夜的细菌，于 37℃下 200 r/min 培养至 OD_{600} 为 0.3～0.4（约 3 h）。

③将三角瓶转移至冰浴预冷 10 min。

④将预冷的培养液在 4℃下 6 000 r/min 离心菌体，离心 10 min，弃掉上清液。

⑤用 5 mL 冰冷的 $CaCl_2$ 溶液重悬菌体，4℃下 6 000 r/min 离心 5 min，弃掉上清液。

⑥用 5 mL 冰冷的 $CaCl_2$ 溶液重悬菌体，冰上放置 0.5 h，4℃下 6 000 r/min 离心 5 min，弃掉上清液。

⑦用 1 mL 冰冷的 $CaCl_2$ 溶液重悬菌体，按照每管 50 μL 分装于预冷的无菌聚丙烯管中，立即使用或冻存于 −70℃。

⑧将 1 mL 质粒 pBluescript SK 加入到感受态细胞中，轻弹混匀，置于冰浴 30 min。

⑨将管子放入 42℃水浴 1 min，立即置于冰浴 2 min。

⑩加入 1 mL LB 液体培养基，37℃下 200 r/min 培养 1 h。

⑪取合适的稀释度菌液涂布于带有氨苄青霉素的 LB 平板上，37℃过夜培养。

⑫对生长出的菌体进行计数，计算每微升质粒的转化率。

在含青霉素培养基上形成的 *E. coli* 菌落如图 16-1 所示。

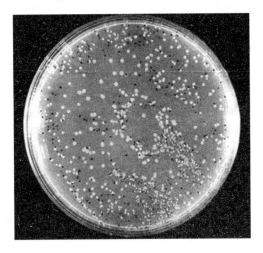

图 16-1 在含青霉素培养基上形成的 *E. coli* 菌落
（黑点为不抗青霉素的菌落，死亡）

16.6 实验作业

①根据转化实验结果，计算大肠杆菌的转化率。

②转化过程中，会不会出现假阳性的结果，为什么？如何排除？

实验十七　细菌的转导

17.1　实验目的

了解细菌转导的基本原理，比较普遍性转导和局限性转导的差别，掌握普遍性转导的实验方法及其在基因定位中的应用。

17.2　实验原理

转导（transduction）是指以噬菌体为媒介，将一个供体细胞的遗传物质传递给一个受体细胞的过程。最初是 Lederberg（1952）在鼠伤寒沙门氏菌（*Salmonella typhimurium*）中发现的。转导的关键在于细菌利用了噬菌体作为遗传物质的传递媒介，从而将供体细胞遗传物质转移给受体细胞，改变受体细胞的基因型和表型。现在已发现脱硫弧菌（*Desulfovibrio*）、埃希菌（*Escherichia*）、假单胞菌（*Pseudomonas*）、红球菌（*Rhodococcus*）、红细菌（*Rhodobacter*）、沙门氏菌（*Salmonella*）、葡萄球菌（*Staphylococcus*）、黄色杆菌（*Xanthobacter*）和嗜热碱甲烷杆菌（*Methanobacterium thermoautotrophicum*）等细菌可以进行转导，但并非所有细菌和噬菌体都具有转导作用。

由于转导在细菌、噬菌体遗传中的重要作用，且许多噬菌体都可以用来进行转导研究，所以转导方法常被用于研究基因的分子结构和转移外源基因，并成为分子遗传学研究中的常规方法。转导分为两种：普遍性转导和局限性转导。这两种转导方式的主要区别是：①普遍性转导直接经过供体菌裂解化进行基因转移，而局限性转导则要经过供体菌溶原化到裂解化的转变。②普遍性转导可以转移供体菌的任何基因，而局限性转导只转移供体菌中噬菌体插入位点附近的基因。③普遍性转导不转移噬菌体自身基因，局限性转导将转移部分噬菌体自身基因。但二者都是遗传物质一次性的转移，受体菌将不再产生噬菌体子代。

普遍性转导的噬菌体既可以是温和噬菌体也可以是烈性噬菌体，最重要的是具有错误包装机制。这种机制使噬菌体可以在组装过程中产生错误识别，将供体菌 DNA 在完全降解前包装入噬菌体外壳，引发普遍性转导。而局限性转导则是温和噬菌体 DNA 从细胞染色体上环出时出现的不正确环出，除噬菌体 DNA 外，带有噬菌体与细菌 DNA 接合处附近的某些 DNA，形成的噬菌体侵染其他细胞时将供体 DNA 导入受体。

普遍性转导研究得最清楚的是 *E. coli* 中噬菌体 P_1 和 P_2 介导的转导，它们可以转导供体细菌染色体上任何一个基因。由于噬菌体可携带的 DNA 片段长度是很有限的，很难携带 3 个以上的基因，但往往可以携带两个基因发生转导。我们把噬菌体同时转导 2 个以上的基因称为共转导。噬菌体包装断裂供体染色体的过程是随机的，所以相邻的基因发生共转导的概率高于相隔较远的基因发生共转导的概率。由此可以进行基因定位。

进行局限性转导时，以大肠杆菌溶原性菌株 K_{12}（λ）gal^+ 为供体（λ 与 gal^+ 紧密连锁），对此供体菌株用紫外线诱导后，原噬菌体（λ）被释放出来，其中极少数噬菌体（约 10^{-6}）DNA 上的特定片段与 $K_{12}gal^+$ 上的特定片段（含 gal^+）发生交换，产生含 gal^+ 的转导噬菌体，当该噬菌体感染受体菌株 $K_{12}Sgal^-$ 时，就使受体菌获得 gal^+ 基因，因而使受体菌能利用半乳糖。

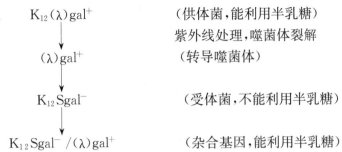

$$K_{12}(\lambda)gal^+ \qquad （供体菌，能利用半乳糖）$$
$$紫外线处理，噬菌体裂解$$
$$(\lambda)gal^+ \qquad （转导噬菌体）$$
$$K_{12}Sgal^- \qquad （受体菌，不能利用半乳糖）$$
$$K_{12}Sgal^-/(\lambda)gal^+ \qquad （杂合基因，能利用半乳糖）$$

细菌中发生转导频率为 $10^{-4} \sim 10^{-5}$。在测定基因共转导的实验中常选取某一选择性标记的转导子，然后测定另一基因的出现频率，由此计算出它们之间的连锁关系，最终绘制出基因图谱。

17.3 实验材料

E. coli FD 1009：$Hfrsup T_6^R$。*E. coli* CSH 1：$F^- trp$ lacZstrA thi。整合有噬菌体 P_1 Tn9*clr*100 的溶原菌。局限性转导用的 *E. coli* 供体为：供体菌株 $K_{12}(\lambda) gal^+$ 和受体菌株 $K_{12}Sgal^-$。噬菌体 T_6 裂解液（效价为 $10^{10}/mL$ 左右）。

17.4 实验用具、药品

（1）普遍性转导培养基

BP 培养液：按附录Ⅰ配制，在 1.03×10^5 Pa（121℃）下灭菌 15 min。取培养液 150 mL，补充 0.56 g/L $CaCl_2$ 和 1.2 g/L $MgSO_4$。10 mL 试管 12 支，每支装 4.5 mL BP 培养液；10 mL 试管若干支，每支装 5 mL BP 培养液；250 mL 三角瓶 3 只，2 只装有 20 mL BP 培养液、1 只装有 30 mL BP 培养液。

BP 固体培养基：BP 培养液另加入 20.0 g/L 琼脂粉，在 1.03×10^5 Pa（121℃）下灭菌 15 min。取 BP 固体培养基 300 mL，补充 0.56 g/L $CaCl_2$ 和 1.2 g/L $MgSO_4$。准备培养皿 16 个。

半固体 BP 培养基：BP 培养液另加入 8.0 g/L 琼脂粉，在 1.03×10^5 Pa（121℃）下灭菌 15 min。取 50 mL，补充 0.56 g/L $CaCl_2$ 和 1.2 g/L $MgSO_4$，分装成 14 支试管。

基本培养基：4 mg/L 维生素 B_1、0.25 g/L $MgSO_4 \cdot 7H_2O$、10.5 g/L K_2HPO_4、4.5 g/L KH_2PO_4、1.0 g/L $(NH_4)_2SO_4$、0.5 g/L 柠檬酸钠（$Na_3C_6H_5O_7$），在 1.03×10^5 Pa（121℃）下灭菌 15 min。

葡萄糖＋Str 培养基：取 100 mL 基本培养基，加入 4 g/L 葡萄糖和 20 mg 链霉素。准备培养皿 5 个。

乳糖＋Trp＋Str 培养基：取 250 mL 基本培养基，加入 4 g/L 乳糖、10 mg 色氨酸、50 mg 链霉素。准备培养皿 11 个。

葡萄糖＋Trp＋Str 培养基：取 100 mL 基本培养基，加入 4 g/L 葡萄糖、4 mg 色氨酸、20 mg 链霉素。准备培养皿 4 个。

生理盐水（8.5 g/L NaCl）：10 mL 试管 6 支，每支装 4.5 mL 生理盐水，装有 20 mL 生理盐水的 250 mL 三角瓶一只。

建议母液：链霉素 50 mg/mL、色氨酸 10 mg/mL。

（2）局限性转导培养基

BP 培养液：同普遍性转导培养基。

BP 固体培养基：同普遍性转导培养基。

加倍 BP 培养基（2E）：加倍浓度的 BP 培养基。

半乳糖 EMB 培养基：称取 0.4 g 伊红、0.06 g 亚甲蓝、10 g 半乳糖、10 g 多胨、2 g K_2HPO_4、20 g 琼脂，加蒸馏水至 1 000 mL，调 pH 至 7.0，在 $1.03×10^5$ Pa（121℃）下灭菌 15 min。

半固体琼脂：称取 10 g 琼脂，用 1 000 mL 蒸馏水配制，在 $1.03×10^5$ Pa（121℃）下灭菌 15 min。

（3）其他用具、药品

离心管、涂布棒、玻璃棒、取液器、滴管、牙签、旋涡混合器、摇床、台式离心机试管、恒温水浴锅、氯仿等。

17.5 实验步骤

17.5.1 普遍性转导试验

（1）噬菌体裂解液的制备

取 P_1Tn9clr100 溶原菌单菌斜面或平皿，接种到 1 支含有 BP 培养液的试管内，30℃ 静置培养过夜。

第 2 天取出菌液 2 mL，接入装有 20 mL BP 培养液的 250 mL 三角瓶中，30℃ 下 200 r/min 振荡培养 2～3 h，使细菌生长到对数生长期的早期，立刻置于 42℃ 的水浴，保温 20 min，期间不断地轻轻摇动三角瓶，再将三角瓶转入 37℃ 下 200 r/min 摇床培养 1～2 h。最后把三角瓶菌液转移到 2 支无菌离心管中，分别加入 0.1 mL 氯仿，在旋涡混合器上振荡 10～20 s，再以 4 000 r/min 离心 10 min，小心吸取上清液，转移到另 1 支无菌试管中，加入 0.1 mL 氯仿，再放在旋涡混合器上振荡 10～20 s。该试管上清液就是噬菌体 P_1 Tn9clr100 的原裂解液（噬菌体效价为 10^7/mL 左右），待用。

接种供体菌 E. coli FD 1009 到 1 支 BP 培养液试管，30℃ 静置培养过夜，第 2 天吸取菌液 1 mL 接入另 1 支 BP 培养液试管中，37℃ 静置培养 2.5 h 后，分装菌液到 3 支无菌空试管，每管 0.2 mL。然后分别加入 0.1 mL 噬菌体 P_1Tn9clr100 的原裂解液，混匀置于 37℃ 水浴中保温 20 min。另外取 1 支无菌空试管作为对照，其中加入 0.1 mL 无菌水和 0.2 mL 菌液，保温 20 min。保温完毕后，在每支试管中加入 3 mL 已经熔化并在 48℃ 保温的半固体

BP 培养基，立即摇匀倒平皿。培养皿在 37℃倒置培养过夜。

　　培养过夜后用涂布棒把含有大量增殖噬菌体的半固体 BP 培养基小心刮入 1 支 250 mL 无菌空三角瓶中，再加入 10 mL BP 培养液和 0.1 mL 氯仿，搅碎后转移到 2 支无菌离心管中，加入 0.1 mL 氯仿，放在旋涡混合器上振荡 20 s，再 4 000 r/min 离心 10 min，小心吸出上清液，转移到 1 支无菌离心管中，加入氯仿重复操作，得到的上清液就是噬菌体 P_1Tn9clr100 裂解液，其中绝大部分是正常的噬菌体 P_1Tn9clr100 颗粒，还含有包装了供体菌 FD 1009 染色体片段的 P_1 转导噬菌体颗粒，可供转导使用。

　　（2）噬菌体 P_1Tn9clr100 裂解液的效价测定

　　将 E. coli FD 1009 接种到 1 支 BP 培养液试管，30℃静置培养过夜，第 2 天取出菌液 1 mL 接入 1 支含 BP 培养液的试管中，在 37℃静置培养 2.5 h 后待用。

　　取出噬菌体 P_1Tn9clr100 裂解液 0.5 mL，用 BP 培养液逐级稀释至 10^{-8}，各取裂解液 0.1 mL 于 9 支无菌试管中，然后每支试管中加入 FD 1009 菌液 0.2 mL，混匀后置 37℃水浴中保温 15 min。同样以 1 支无菌空试管加入 0.1 mL BP 培养液和 0.2 mL 菌液保温 15 min 为对照。15 min 后在每支试管中加入 3 mL 已经熔化并在 48℃保温的半固体 BP 培养基，立即摇匀倒平板。37℃倒置培养过夜。

　　培养后观察结果，记录噬菌斑的数量，并算出裂解液中噬菌体 P_1Tn9clr100 的效价。

　　（3）转导

　　将受体菌 E. coli CSH 1 接种到 1 支含 BP 培养液的试管，30℃静置培养过夜，第 2 天取出菌液 2 mL 接入装有 20 mL BP 培养液的 250 mL 三角瓶中，37℃下 200 r/min 振荡培养 2 h 左右，使菌龄达到对数期，待用。

　　由于转导时要求噬菌体数与细菌数之比＜1，因而必须适当稀释高效价的噬菌体 P_1Tn9clr10 裂解液再用于转导。如裂解液中的噬菌体效价为 10^9/mL，可取出裂解液 0.5 mL 用 BP 培养液逐级稀释至 10^{-3}，分别取出 10^{-1}、10^{-2}、10^{-3} 裂解液 2 mL，加入 3 支无菌空离心管；然后各加入 2 mL E. coli CSH 1 菌液、混匀后置 37℃水浴中保温 20 min。再取 2 支离心管，1 支加入 2 mL BP 培养液和 2 mL 裂解液，另 1 支加入 2 mL BP 培养液和 2 mL E. coli CSH 1 菌液，保温 20 min 作对照。

　　以 4 000 r/min 离心 10 min 保温后的菌液，轻轻倒去上清液。在转导的 3 支离心管中，分别加入 0.5 mL 生理盐水，吹打沉淀使细胞均匀悬浮，各取 0.1 mL 涂布"葡萄糖＋Str"平板，各涂布 1 个平皿，然后再各取出 0.1 mL 涂布在"乳糖＋Trp＋Str"平板，各涂布 3 个平皿。在 2 支对照离心管中，分别加入 1 mL 生理盐水，同样用滴管吹吸数次，然后各取出 0.1 mL 涂布在"葡萄糖＋Str"平板和"乳糖＋Trp＋Str"平板上，各涂 1 个平皿。将培养皿在 37℃倒置培养 2～3 d 后观察，记录"葡萄糖＋Str"平板上的 Trp$^+$ 转导子菌落数量和"乳糖＋Trp＋S"平板上的 1ac$^+$ 转导子菌落数量，计算转导频率。

　　另外，从对照组的 E. coli CSH 1 菌液离心管中，取出 0.5 mL，用生理盐水逐级稀释至 10^{-6}，分别取 10^{-5}、10^{-6} 稀释菌液 0.1 mL，涂布在"葡萄糖＋Trp＋Str"平板上，各涂 2 皿，培养皿在 37℃倒置培养 1～2 d 后，进行计数。

　　（4）共转导测定

　　取 BP 固体培养基平板 2 个，分别涂布 0.1 mL 噬菌体 T_6 裂解液（噬菌体效价为

10^{10}/mL 左右），置于 37℃ 温箱 2~3 h，待裂解液被培养基吸干后，用无菌牙签挑取在"乳糖＋Trp＋Str"平板上生长的 lac$^+$ 转导子菌落，点种到上述涂有噬菌体 T$_6$ 的平板上，总共挑取 100~200 个菌落。点种完毕，培养皿在 37℃ 倒置培养 16~24 h，长出的菌落计数为 lac$^+$ T$_6^R$ 转导子菌落，计算共转导频率以及 lac$^+$ 基因与 T$_6^R$ 基因的图距。

（5）实验记录和计算

①将噬菌体效价值计算结果填入表 17-1。

表 17-1　噬菌体效价值

项目	10^0	10^{-1}	10^{-2}	10^{-3}	10^{-4}	10^{-5}	10^{-6}	10^{-7}	10^{-8}	对照
每皿噬菌斑数（×10 个/mL）										
效价										

注：噬菌体效价值＝每皿菌斑数×10×稀释倍数，即每毫升裂解液形成的每皿菌斑数。

②将转导频率记录填入表 17-2。

表 17-2　转导频率记录

培养基	转导标记	稀释度	每皿菌落数（×10 个/mL）			转导频率
			A	B	C	
葡萄糖＋Str	trp					
乳糖＋Trp＋Str	lac					

注：转导频率＝（5×平均每皿转导子菌落数×裂解液稀释倍数）/（2×裂解液噬菌体效价）

③将 *E. coli* CSH 1 活菌计数结果填入表 17-3。

表 17-3　*E. coli* CSH 1 活菌计数

项目	葡萄糖＋Trp＋Str
稀释度	
每皿菌落数	
菌液中细胞浓度（个/mL）	

④将共转导实验记录填入表 17-4。

表 17-4　共转导实验记录

培养基	点种 lac$^+$ 转导子菌落数	生长的 lac$^+$ T$_6^R$ 转导子菌落数	共转导频率
BP 培养液＋噬菌体 T$_6$			

⑤图距计算。

$$lac^+ 与 T_6^R 图距（min）＝2-2\times （生长的 lac^+ T_6^R 菌落数/$$
$$点 lac^+ 转导子菌落数)^{1/3}$$

17.5.2　局限性转导

局限性转导操作流程参见图 17-1。

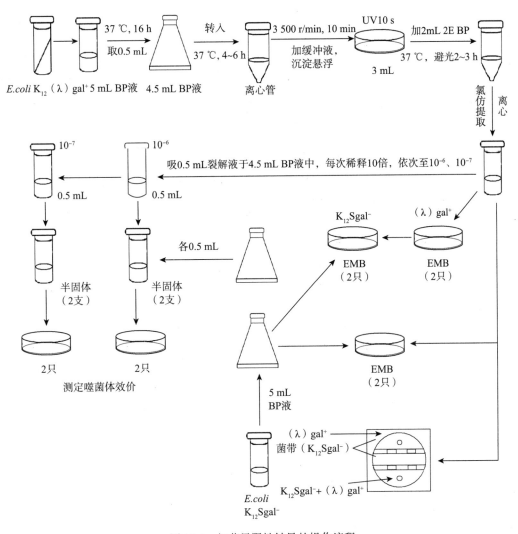

图 17-1　细菌局限性转导的操作流程

（1）噬菌体的诱导和裂解液的制备

①利用接种环取一环供体菌 K_{12}（λ）gal^+ 接种于盛有 5 mL BP 培养液的试管中，37℃下培养 16 h 后，吸取 0.5 mL 菌液，接种于盛有 4.5 mL BP 培养液的试管中，培养 4~6 h。

②将以上试管中的菌液倒入离心管中，以 3 500 r/min 离心 10 min。

③弃去上清液，加入 4 mL 磷酸缓冲液，制备悬浮液。

④取 3 mL 悬浮液于培养皿中，经紫外线处理（15W 紫外灯，距离 40 cm），诱导 10～20 s。

⑤处理后加入 2 mL 加倍 BP（2E）培养液，置于 37℃下避光培养 2～3 h。

⑥吸取以上培养的菌液倒入离心管中，以 3 500 r/min 离心 10 min，把上清液转入另一试管。加入 0.2 mL 氯仿剧烈振荡 0.5 min，静止 5 min 后，取上清液，即噬菌体的裂解液，转入另一试管。

（2）噬菌体的效价测定

①取一环受体菌 $K_{12}Sgal^-$，接种于盛有 5 mL BP 培养液的试管中，置于 37℃下培养 16 h。

②吸取以上培养的菌液 0.5 mL，注入盛有 4.5 mL BP 培养液的试管中，继续培养 4 h，作指示菌液用；剩余的菌液可置于冰箱内供点滴法和涂布法转导实验用。

③取已熔化并于 48℃保温的半固体琼脂试管 4 支，每支加上述指示菌液 0.5 mL。

④取噬菌体裂解液 0.5 mL，注入盛有 4.5 mL BP 培养液的试管中，依次稀释到 10^{-7}。

⑤从稀释到 10^{-6}、10^{-7} 的试管中，分别吸取 0.5 mL 裂解液，加入到有指示菌的半固体琼脂中（每个稀释度各 2 支），涂匀，分别注入事先准备好的含 BP 固体培养基的培养皿中，摇匀，凝固后，在 37℃下培养 24 h，观察并计数噬菌斑数。噬菌体效价可按下式计算：

$$效价（U/mL）=两个培养皿中平均噬菌斑数×稀释倍数×取样量折算数$$

（3）转导方法

①点滴法。取倒好半乳糖 EMB 培养基的培养皿 2 只，在皿底用蜡笔按图 17-1 式样画 2 个圆圈和 4 个方格。取一满环受体菌 $K_{12}Sgal^-$，在半乳糖 EMB 平板上涂出一条菌带，共涂两条。在 37℃下培养 1.5 h。取出培养皿，在 2 个圆圈和 4 个方格处各加一环噬菌体裂解液，培养 48 h，观察结果。

②涂布法。取倒好半乳糖 EMB 培养基的培养皿 6 只，其中 2 只加 0.1 mL 受体菌液（对照 1），2 只加 0.1 mL 噬菌体裂解液（对照 2），另 2 只加噬菌体裂解液和受体菌液各 0.05 mL。用玻璃涂棒将上述 6 个培养皿中的菌液涂开。涂布后在 37℃下培养 48 h。观察各培养皿中的菌落生长情况和色泽。

（4）实验记录和计算

①将 λ 噬菌体裂解液的效价测定结果填入表 17-5。

表 17-5　λ 噬菌体裂解液的效价测定

噬菌体来源	裂解液稀释倍数	取样量/ mL	噬菌斑数/皿	噬菌斑数/mL
噬菌体（λ）的裂解液	10^6	0.5		
	10^7	0.5		

②将点滴法和涂布法进行细菌转导的结果填入表 17-6。

表 17-6　点滴法和涂布法进行细菌转导的结果

转导试验	点滴法			涂布法		
	受体菌（菌带）	（λ）裂解液（圆圈）	受体菌＋（λ）裂解液（方格）	受体菌（CK1）	（λ）裂解液（CK2）	受体菌＋（λ）裂解液（转导）
菌落生长情况						
菌落色泽						

17.6　实验作业

①根据实验结果记录填写上述表格，并计算 lac^+ 基因与 T_6^R 基因之间的距离（min）。

②解释转导是遗传物质一次性的转移的原因。

实验十八　大肠杆菌中断杂交实验与基因定位

18.1　实验目的

了解细菌有性杂交的原理，理解 F$^+$ 菌株、F$^-$ 菌株和 Hfr 菌株之间的关系；掌握利用中断杂交法进行基因定位的原理和技术。

18.2　实验原理

Lederberg 等（1946）发现细菌之间的接合作用，从而发现了在细菌中已经具备了原始的性的雏形。Davis 通过 U 形管实验证明了这种大肠杆菌中的遗传物质重组必须通过细菌间的接触才能发生。Hayes（1952）证明了细菌杂交中接合的两个细菌的作用是不平等的，作为遗传物质供体的是一种含有 F 因子的菌株，称为 F$^+$ 菌株。

大肠杆菌的染色体为环状染色体，带有 F 因子的菌株能够与不带 F 因子的菌株（F$^-$ 菌株）进行杂交进而发生基因重组。带有 F 因子的细菌，细胞表面会形成一种与细胞接合作用相关的毛状突起，称为性纤毛，长 $1\sim20$ μm。性纤毛促使供体和受体细胞特异的配对，在受体细胞上有纤毛的特异结合位点，当性纤毛结合到这些特异性位点之后，开始收缩并将 2 个细菌拉拢形成作为遗传物质转移通道的接合管，遗传物质的转移就开始了。F$^+$ 菌株和 F$^-$ 菌株杂交将产生 F$^+$ 菌株后代（约 70%），而发生基因重组的频率为 10^{-7}。当 F 因子整合入细菌染色体的时候，产生了高频重组菌 Hfr 品系，Hfr 和 F$^+$ 菌株有相似的杂交特性，但其和 F$^-$ 菌株杂交时发生重组的频率为 10^{-4}。

Jacob 等（1961）发现在细胞杂交过程中，接合细菌可以在 2 h 中缓慢地进行遗传物质的传递，在杂交不同时间进行强力搅拌，打断接合细菌之间的接合管，从而中止遗传物质的转移。所以对于离转移起点越近的基因进入受体菌的概率越大，因此可以通过绘制基因的转移曲线推断出基因序列并以时间为单位进行染色体作图，这种方法就是中断杂交作图。

18.3　实验材料

供体菌株：*E. coli* CSH60，Hfr：met$^+$leu$^+$trp$^+$his$^+$arg$^+$lac$^+$gal$^+$ade$^+$ilv$^+$str^S。
受体菌株：*E. coli* 57B，F$^-$：met$^-$leu$^-$trp$^-$his$^-$arg$^-$lac$^-$gal$^-$ade$^-$ilv$^-$str^R。

18.4　实验用具、药品

（1）BP 液体培养基
按附录 Ⅰ 配制，在高压蒸汽灭菌锅内以 1.03×10^5 Pa（121℃）灭菌 20 min，如配制固体培养基则加入 20.0 g/L 的琼脂即可。

（2）10×A 磷酸缓冲液

称取 K_2HPO_4 10.0 g、KH_2PO_4 4.5 g、$(NH_4)_2SO_4$ 1.0 g、柠檬酸钠 1.0 g 溶于 1 000 mL 蒸馏水中，调节 pH 至 7.0。配制时先配 10×母液，即将溶质提高到配方中的 10 倍。$1.03×10^5$ Pa（121℃）高压蒸汽灭菌 20 min。

（3）生理盐水

8.5 g NaCl 溶于 1 000 mL 蒸馏水中，$1.03×10^5$ Pa（121℃）高压蒸汽灭菌 20 min。

（4）200.0 g/L 糖溶液

葡萄糖、乳糖、半乳糖每种各取 20 g，分别溶于 100 mL 蒸馏水中。$1.03×10^5$ Pa（121℃）高压蒸汽灭菌 15 min。

（5）0.25 mol 硫酸镁溶液

称取 $MgSO_4 \cdot 7H_2O$ 15.4 g 加入蒸馏水 250 mL。

（6）盐酸硫胺素

称取盐酸硫胺素 10 mg 加水至 10 mL，$1.03×10^5$ Pa（121℃）高压蒸汽灭菌 15 min。

（7）链霉素溶液

取 100 万 U 的链霉素一瓶，加蒸馏水至 20 mL，不需灭菌。

（8）氨基酸溶液及腺嘌呤

精氨酸、异亮氨酸、缬氨酸、色氨酸、组氨酸、腺嘌呤，配制以上溶液时分别称取 40 mg 加蒸馏水 4 mL，然后滤膜过滤或恒温 50℃灭菌 50～60 min。

（9）配制 A 平板培养基

10×A 缓冲液	50 mL
200.0 g/L 葡萄糖	10 mL
盐酸硫胺素	2 mL
0.25 mol/L 硫酸镁	2 mL
氨基酸及腺嘌呤溶液（10 mg/mL）	每种分别加入 0.4 mL
链霉素溶液（50 mg/mL）	2 mL
琼脂	10 g
蒸馏水	500 mL
pH	7.0～7.2

（10）选择培养基

选择培养基配方见表 18-1。

表 18-1　选择培养基

编号	str	arg	ilv	met	leu	ade	trp	his	gal	lac
A	+	+	+	+	+	+	+	+	+	+
B	+	−	+	+	+	+	+	+	+	+
C	+	+	−	+	+	+	+	+	+	+
D	+	+	+	−	+	+	+	+	+	+

（续）

编号	str	arg	ilv	met	leu	ade	trp	his	gal	lac
E	+	+	+	+	−	+	+	+	+	+
F	+	+	+	+	+	−	+	+	+	+
G	+	+	+	+	+	+	−	+	+	+
H	+	+	+	+	+	+	+	−	+	+
I	+	+	+	+	+	+	+	+	−	+
J	+	+	+	+	+	+	+	+	+	−

注：ilv 为异亮氨酸和缬氨酸。

将培养基配制完成后，在超净工作台内将培养基倒入培养皿内制成平板，待培养基冷凝后备用。

（11）其他用具

三角瓶、试管、烧杯、培养皿、取液器、接种环、涂布棒、牙签、70％酒精等。

18.5 实验步骤

（1）活化菌种

从冰箱内取出保存的受体及供体菌种在 37℃下活化 24 h，然后分别接至 5 mL BP 液体培养基中，在 37℃、200 r/min 下振荡培养 16 h。

（2）细菌扩增

从上述 5 mL 培养液中用取液器分别吸取供体和受体菌 1 mL，分别转入到新的培养基内，在 37℃下培养 2～3 h。此时，从供体和受体的培养瓶中分别取 0.1 mL 菌液均匀涂布在 A 平板培养基上作为对照，将培养皿置于 37℃恒温培养箱中倒置培养。

（3）杂交和中断杂交

用取液器从扩增培养后的菌液中分别吸取供体菌 20 mL 和受体菌 400 mL 混合于一个三角瓶内，将其置于摇床内在 37℃下 200 r/min 振荡培养。培养 8 min 后，取 10 mL 培养液用搅拌器搅拌以中断杂交，并标明杂交中断时间。之后每隔 2 min 取 10 mL 培养液进行中断杂交实验，并标记中断杂交实验的时间。

（4）杂交菌液培养

中断杂交后，从各杂交液中分别吸取 0.1 mL 到 A 培养皿上，用涂布棒将杂交液涂布均匀。为降低杂交液的浓度，使重组后的菌株在平板上长出分离的菌落，可以将杂交液稀释 10 倍或更多，再均匀涂布在 A 平板培养基上，每个杂交液重复涂布 2 个培养皿，将培养皿置于 37℃恒温培养箱中倒置培养。

（5）杂交重组体检测

由于供体和受体菌在 A 平板培养基上都不能生长，所以在 A 培养基上长出的菌落即为重组型。在超净工作台上，用无菌牙签挑取 A 平板上分离清晰的菌落，分别接种在 B～J 选择培养基上。为了便于操作可以在选择培养基培养皿的下面垫一张画有 100 个方格的白纸，最后使在选择培养基上接种的菌落数达到 100。

（6）将接种好的选择培养基平板置于37℃下恒温培养，待有菌落长出时，将实验结果填入表18-2。

表 18-2　中断杂交实验结果

培养基	中断杂交时间/min													
	8	10	12	14	16	18	20	22	24	26	28	30	32	34
A														
B														
C														
D														
E														
F														
G														
H														
I														
J														

18.6　实验作业

根据杂交结果绘制大肠杆菌的基因直线连锁图。

实验十九　大肠杆菌营养缺陷型诱导和鉴定

19.1　实验目的

学习应用物理或化学因素对细菌进行诱变的方法，初步掌握诱变产生营养缺陷型菌株的筛选与鉴定技术。

19.2　实验原理

利用某些物理或化学因素处理细菌，可使其基因发生突变，丧失合成某一氨基酸、维生素或核苷酸等的能力，以致在基本培养基上不能生长，必须补充相应的营养物质才能生长。野生型菌株经诱变处理常可筛选获得一些营养缺陷型菌株。筛选营养缺陷型菌株需经以下几个步骤：诱变处理、营养缺陷型的检出、划线复证、生长谱鉴定和营养缺陷型菌株的纯化。

本实验用紫外线和亚硝酸诱发突变，并用青霉素法淘汰野生型，采用逐个测定法检出营养缺陷型，最后用生长谱法鉴定营养缺陷型。

19.3　实验材料

大肠杆菌（$E.\ coli$）菌株：$K_{12}SF^{+}$。

19.4　实验用具、药品

（1）仪器用具

离心机、紫外线照射箱、冰箱、恒温箱、高压蒸汽灭菌锅、三角烧瓶、试管、离心管、移液管、培养皿、接种针等。

（2）药品试剂

①赖氨酸、精氨酸、甲硫氨酸、半胱氨酸、胱氨酸、组氨酸、苏氨酸、谷氨酸、天冬氨酸、甘氨酸、丙氨酸、羟脯氨酸、丝氨酸、亮氨酸、异亮氨酸、缬氨酸、苯丙氨酸、酪氨酸、色氨酸、脯氨酸、嘌呤、嘧啶、硫胺素、核黄素、吡哆醇、泛酸、对氨基苯甲酸、烟碱酸、生物素、亚硝酸钠、青霉素钠盐、冰乙酸、乙酸钠、氢氧化钠、硫酸镁、蔗糖、生理盐水。

②混合氨基酸（包括核苷酸）共分7组，其中第Ⅰ到第Ⅵ组有6种氨基酸（包括核苷酸），每种氨基酸（包括核苷酸）等量研细充分混合。第Ⅶ组为脯氨酸，因容易潮解，故单独组成。

第Ⅰ组：赖氨酸、精氨酸、甲硫氨酸、半胱氨酸、胱氨酸、嘌呤。

第Ⅱ组：组氨酸、精氨酸、苏氨酸、谷氨酸、天冬氨酸（或甘氨酸）、嘧啶。

第Ⅲ组：丙氨酸、甲硫氨酸、苏氨酸、羟脯氨酸、甘氨酸、丝氨酸。

第Ⅳ组：亮氨酸、半胱氨酸、谷氨酸、羟脯氨酸、异亮氨酸、缬氨酸。

第Ⅴ组：苯丙氨酸、胱氨酸、天冬氨酸、甘氨酸、异亮氨酸、酪氨酸。

第Ⅵ组：色氨酸、嘌呤、嘧啶、丝氨酸、缬氨酸、酪氨酸。

第Ⅶ组：脯氨酸。

③混合维生素。把硫胺素、核黄素、吡哆醇、泛酸、对氨基苯甲酸、烟碱酸及生物素等量研细，充分混合即可。

④0.1 mol/L 乙酸缓冲液。由 A 液和 B 液配成。A 液：量取 11.55 mL 冰乙酸，加蒸馏水至 100 mL 。B 液：称取 27.29 g $CH_3COONa \cdot 3H_2O$，加蒸馏水至 100 mL。取 25 mL A 液和24.5 mL B 液，加 50 mL 蒸馏水，调 pH 至 4.6，1.03×10^5 Pa（121℃）下灭菌 15 min。

⑤0.1 mol/L NaOH。量取 2.8 mL 50% NaOH 澄清液，注入烧杯，用无 CO_2 的蒸馏水（新煮沸冷却的蒸馏水）稀释至 500 mL，将此液倒入干净细口瓶中，用橡皮塞塞紧。

（3）培养基

①BP 液体培养基。称取 0.5 g 牛肉膏、1 g 蛋白胨、0.5 g NaCl，加 100 mL 蒸馏水，调 pH 至 7.2，在 1.03×10^5 Pa（121℃）下灭菌 15 min。

②加倍 BP 液体培养基。称取 0.5 g 牛肉膏、1 g 蛋白胨、0.5 g NaCl，加 50 mL 蒸馏水，调 pH 至 7.2，在 1.03×10^5 Pa（121℃）下灭菌 15 min。

③基本固体培养基。称取 2 g 葡萄糖、2 g 琼脂，加 100 mL 蒸馏水，调 pH 至 7.0，在 0.55×10^5 Pa（121℃）下灭菌 30 min。

④基本液体培养基。称取 2 g 葡萄糖，加 100 mL 蒸馏水，调 pH 至 7.0，在 0.55×10^5 Pa（121℃）下灭菌 30 min。

⑤无 N 基本液体培养基。称取 0.7 g K_2HPO_4、0.2 g KH_2PO_4、0.5 g 柠檬酸钠·$3H_2O$、0.01 g $MgSO_4 \cdot 7H_2O$、2 g 葡萄糖，加 100 mL 蒸馏水，调 pH 至 7.0，在 0.55×10^5 Pa（121℃）下灭菌 30 min。

⑥2N 基本液体培养基。称取 0.7 g K_2HPO_4、0.3 g KH_2PO_4、0.5 g 柠檬酸钠·$3H_2O$、0.01 g $MgSO_4 \cdot 7H_2O$、0.2 g $(NH_4)_2SO_4$、2 g 葡萄糖，加 100 mL 蒸馏水，调 pH 至 7.0，在 0.55×10^5 Pa（121℃）下灭菌 30 min（高渗青霉素法需在 2N 基本培养液中加 20% 蔗糖和 0.2% $MgSO_4 \cdot 7H_2O$）。

19.5　实验步骤

细菌营养缺陷型诱导和筛选操作流程可参见图 19-1。

（1）菌液制备

①菌体的活化与培养。实验前 14～16 h，挑取少量 $K_{12}SF^+$ 菌，接种于盛有 5 mL BP 液体培养基的三角瓶中，置于 37℃ 培养过夜。第二天添加 5 mL 新鲜的 BP 液体培养基，充分混匀后，分装 2 只三角瓶，继续培养 5 h。

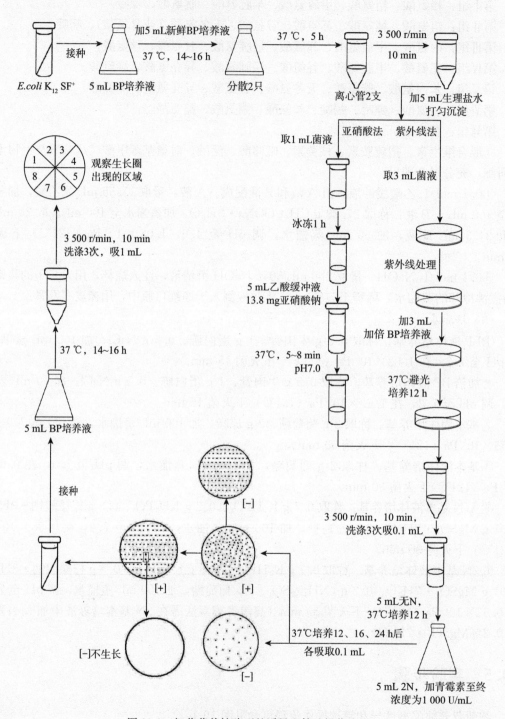

图 19-1 细菌营养缺陷型的诱导和筛选操作流程

②收集菌体。将两只三角瓶的菌液分别倒入离心管中，3 500 r/min 离心 10 min，离心后倒去上清液，打匀沉淀，其中一管吸入 5 mL 生理盐水，然后倒入另一离心管，二管并成一管，备用。

（2）诱变处理

①紫外线诱变法。处理前先开紫外灯（15 W）稳定 30 min。取上述制备的菌液 3 mL 于培养皿内，置于离灯管 28.5 cm 处，先连盖放在紫外灯下灭菌 1 min，然后开盖处理 1 min。照射后先盖上皿盖，再关紫外灯。处理时间依 70％ 的杀菌率而定。吸 3 mL 加倍 BP 液体培养基，注入上述处理后的培养皿中，置 37℃ 恒温箱内，避光培养 12 h 以上。

②亚硝酸诱变法。取上述制备的菌液 1 mL 于离心管中，冰冻 1 h，制成静止细胞。5 mL pH 4 的乙酸缓冲液，加 13.8 mg 亚硝酸钠，在 37℃ 下诱变处理 5～8 min。用 0.1 mol NaOH 中和至 pH 为 7.0，中止亚硝酸的作用。

（3）突变型的筛选

①青霉素法淘汰野生型。首先，吸 5 mL 处理过的菌液于已灭菌的离心管中，3 500 r/min 离心 10 min。弃去上清液打匀沉淀，加入生理盐水。这样离心洗涤 3 次，最后加生理盐水到原体积。其次，吸取上述菌液 0.1 mL 于 5 mL 无 N 基本液体培养基中，37℃ 培养 12 h。再次，按 1∶1 加入 5 mL 2N 基本液体培养基（含有 20％ 蔗糖和 0.2％ $MgSO_4 \cdot 7H_2O$），再加青霉素使最终浓度约为 1 000U/mL，置于 37℃ 恒温箱中培养。最后，分别从培养 12、16、24 h 的菌液中各取 0.1 mL 菌液，倒入 3 个灭菌的培养皿中，再分别倒入经熔化并冷却至 40～50℃ 的基本及完全培养基中，摇匀放平，待凝固后，放入 37℃ 恒温箱中培养（培养皿上注明取样时间）。

②逐个测定法检出营养缺陷型。以上平板培养 38～48 h 后，进行菌落计数。选用完全培养基上长出的菌落数大大超过基本培养基的那一组，用接种针挑取完全培养基上长出的菌落 80 个，分别点种于基本培养基与完全培养基平板上，先点种基本培养基，后点种完全培养基，置于 37℃ 恒温箱中培养。培养 12 h 后，选在基本培养基上不生长，而在完全培养基上生长的菌落，再在基本培养基的平板上划线，置于 37℃ 恒温箱培养。24 h 后不生长的可能是营养缺陷型。

（4）生长谱鉴定

①突变菌株的培养与收集。将可能是缺陷型的菌落接种于盛有 5 mL BP 液体培养基的离心管中，37℃ 培养 14～16 h。培养后，3 500 r/min 离心 10 min，倒去上清液，打匀沉淀，然后离心洗涤 3 次，最后加生理盐水到原体积。

②营养缺陷型的鉴定。吸取经离心洗涤的菌液 1 mL 注入一灭菌的培养皿中，然后倒入熔化冷却至 40～50℃ 的基本培养基中，摇匀放平，待凝固，共做两个培养皿。将两个培养皿底等分 8 格（图 19-1），依次放入混合氨基酸（包括核苷酸）、混合维生素和脯氨酸（加量要很少，否则会抑制菌的生长），然后置于 37℃ 恒温箱中培养 24～48 h，观察生长圈，当某一格内出现圆形混浊的生长圈时，即说明是某一氨基酸、维生素或核苷酸的缺陷型。

19.6　实验作业

①将经诱变处理，并在含青霉素的培养基中培养 12、16、24 h 后，涂布于基本及完全培养基中的菌落生长情况填入表 19-1。

表 19-1 菌落生长情况

诱变方法	培养基	菌落数/培养皿		
		12 h	16 h	24 h
紫外线诱变	完全培养基			
	基本培养基			
亚硝酸诱变	完全培养基			
	基本培养基			

②观察培养皿中的生长圈出现在哪一区，说明是何种类型的营养缺陷型。

③比较紫外线和亚硝酸诱变营养缺陷性频率。

实验二十　高等植物核 DNA 的提取和纯化

20.1　实验目的

学习从高等植物组织中提取核 DNA 的方法，为建立基因文库提供所需要的 DNA 片段。

20.2　实验原理

高等植物细胞具有由纤维素和果胶质组成的细胞壁，在具有液态氮的条件下，经研磨可以使之破碎；同时在低温下可以部分抑制 DNA 酶的活性，保护 DNA 不被酶解。破碎了的细胞含有细胞核、细胞器及细胞碎片，在 500g 离心力作用下，可使细胞核沉淀，而其他组分留在上清液里。这样分离后的细胞核在十二烷基磺酸钠（SDS）的作用下，使核膜破裂；在蛋白酶 K 的作用下再使 DNA 与染色质蛋白分离，并用乙二胺四乙酸（EDTA）螯合二价金属离子，抑制 DNA 酶的活性。最后用饱和酚、氯仿-异戊醇除去蛋白质，用乙酸钠和酒精沉淀 DNA，即可得植物细胞核 DNA 的粗制品。

DNA 粗制品中含有一定数量的 RNA、寡核苷片段以及残留的蛋白质，采用电泳法可进一步除去杂质，得到纯化的 DNA。用该法提取的 DNA 分子大于 50 kb，可用于植物基因文库的构建。

20.3　实验材料

玉米（*Zea mays*，2n＝20）鲜嫩叶片。

20.4　实验用具、药品

（1）仪器用具

冷冻高速离心机、离心机、紫外线分析灯、电泳仪、电泳槽、超低温冰箱、恒温水浴锅、液氮罐、漏斗、烧杯、研钵、试管、离心管、移液管、微量加样器、纱布等。

（2）药品试剂

冰乙酸、乙酸钠、硼酸、无水酒精、0.25％溴酚蓝、溴化乙锭、液态氮、苯酚、氯仿、异戊醇、蔗糖、乙二胺四乙酸（EDTA）、三羟甲基氨基甲烷（Tris）、十二酰肌氨酸钠、蛋白酶 K、琼脂等。

（3）试剂配制

TE 缓冲液：称取 1.21 g Tris，溶于少量双蒸水后，调 pH 至 8.0，加 0.29 g EDTA，用双蒸水定容至 1 000 mL。

50 倍 TAE 缓冲液：称取 242 g Tris、14.62 g EDTA，溶于 600 mL 双蒸水中，用约 57.1 mL 冰乙酸，调 pH 至 8.0，定容至 1 000 mL，使用时稀释 50 倍。

3 mol/L 乙酸钠：称取 408.1 g 乙酸钠，溶于 800 mL 双蒸水中，用冰乙酸调 pH 至 5，定容至 1 000 mL。

饱和苯酚：先将苯酚在通风柜中蒸馏，然后用 1 mol/L Tris-HCl（pH 8.0）抽提 2 次，0.1 mol/L Tris-HCl（pH 8.0）抽提 1 次，使 pH 大于 7.5。

氯仿-异戊醇：34 份氯仿加 1 份异戊醇混合。

研磨介质：称取 6.07 g Tris，加双蒸水 500 mL，调 pH 至 8.0，加 102.69 g 蔗糖，用双蒸水定容至 1 000 mL，在 1.03×10^5 Pa（121℃）下灭菌 15 min。

核裂解缓冲液：称取 3.03 g Tris，加双蒸水 200 mL，溶解后用盐酸调 pH 至 8.0，加 2.92 g EDTA、5 g 十二酰肌氨酸钠、0.1 g 蛋白酶 K，定容至 500 mL。

凝胶电泳缓冲液：称取 10.78 g Tris、5.5 g 硼酸、0.73 g EDTA，加双蒸水 800 mL 溶解后，调 pH 至 8.5，定容至 1 000 mL。

琼脂糖凝胶：在 100 mL 凝胶电泳缓冲液中加 0.7 g 琼脂糖，加热煮沸，使其完全溶解。待冷至室温，加溴化乙锭，使最终浓度达 0.5 μg/mL，在电泳前将凝胶倒入水平平板电泳槽中，胶厚约 2 mm。

20.5 实验步骤

20.5.1 细胞核 DNA 的提取

细胞核 DNA 提取的流程如图 20-1 所示。

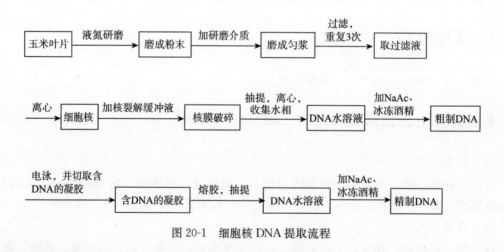

图 20-1 细胞核 DNA 提取流程

（1）破碎细胞

取玉米鲜嫩叶片 10 g，经液态氮速冻后用纱布包裹、捣碎，在液态氮中用研钵磨成粉末。

（2）磨成匀浆

待粉末化冻后，加研磨介质［研磨介质：材料＝1：1（体积质量比）］，在冰浴中磨成匀浆。

（3）滤去残渣

上述匀浆用 4 层纱布过滤，滤渣再加研磨介质研磨，过滤。重复 3 次。后 2 次所加研磨介质的量大约与第 1 次相等。整个过程在冰浴中进行。

（4）提取细胞核

合并所得的滤液，在 4℃下 500g 离心 5 min，收集的沉淀即是细胞核。

（5）破碎细胞核

将沉淀加入核裂解液（核裂解缓冲液：材料＝1∶2），使之悬浮，在 50℃水浴中保温 1 h。

（6）抽提 DNA

在上述悬浮液中加入等体积的饱和酚抽提 1 次，离心收集水相；再加入 1∶1 的饱和苯酚和氯仿-异戊醇的混合液抽提 1 次，离心收集水相；最后用氯仿-异戊醇抽提，离心收集水相。

（7）沉淀 DNA

在上述收集的水相中加入 3 mol/L 乙酸钠，使最终浓度为 0.3 mol/L，再加 2 倍体积的冰冻无水酒精使 DNA 沉淀，置于－20℃冰箱中保存。

20.5.2　细胞核 DNA 的纯化

（1）点样电泳

取上述 DNA 样品进行低熔点琼脂糖凝胶电泳。

（2）切取含 DNA 的凝胶

待 DNA 样品明显移开点样槽后（在紫外灯下观察），切取含 DNA 的凝胶，置于小试管中。

（3）融胶

将上述凝胶在 65℃下保持 5 min，使之熔化。

（4）抽提 DNA

在上述已熔化的胶中加入等体积的饱和苯酚，轻轻上下倒置抽提 1～5 min，离心收集水相；再用饱和酚和氯仿联合抽提一次，最后分别用氯仿和乙醚各抽提一次，每次抽提后均离心收集水相。

（5）沉淀 DNA

在上述收集水相中加入 3 mol/L 乙酸钠，使最终浓度为 0.3 mol/L，再加 2 倍体积的冰冻酒精使 DNA 沉淀，置于－20℃冰箱中保存。

20.6　实验作业

①按上述实验步骤制备适用于构建基因文库的玉米细胞核 DNA。
②分析讨论提取和纯化细胞核 DNA 过程中各主要步骤的作用机理和应该注意的事项。

实验二十一　SSR 和 AFLP 标记的检测

21.1　SSR 标记的检测

21.1.1　实验目的

了解 SSR 检测的原理，通过实验掌握 SSR 分子标记技术。

21.1.2　实验原理

简单序列重复（simple sequence repeat，SSR）标记，也叫微卫星（microsatellite）序列重复，是由一类由几个核苷酸（1~7 bp）为重复单位组成的长达几十个核苷酸的重复序列，长度较短，广泛分布在染色体上。由于重复单位次数的不同或重复程度的不完全相同，造成了 SSR 长度的高度变异性，由此而产生 SSR 标记。虽然 SSR 在基因组上的位置不尽相同，但是其两端序列多是保守的单拷贝序列，因此可以用微卫星区域特定序列设计成对引物，通过 PCR 技术，经聚丙烯酰胺凝胶电泳，即可显示 SSR 位点在不同个体间的多态性。SSR 广泛应用于生物遗传作图、群体遗传研究、个体间亲缘关系鉴定等方面。其优点为：①标记数量丰富，有较多的等位变异，广泛分布于各条染色体上；②共显性标记，呈孟德尔遗传；③技术重复性好，易于操作，结果可靠。

21.1.3　实验材料

实验二十制备的不同品种的 DNA 样品。

21.1.4　实验用具、药品

（1）仪器用具

PCR 仪、高压电泳仪、台式高速离心机、高压蒸汽灭菌锅、−70℃或−20℃冰箱、与电泳玻璃相配的染色盘、吸头、小指管等。

（2）药品试剂

三羟甲基氨基甲烷（Tris）、乙二胺四乙酸（EDTA）、四甲基乙二胺（TEMED）、甲酰胺、硼酸、尿素、丙烯酰胺、N, N'-亚甲基双丙烯酰胺（Bis）、过硫酸铵、冰乙酸、碳酸钠（Na_2CO_3）、甲醛、硫代硫酸钠、硝酸银（$AgNO_3$）、Taq 酶、4 种 dNTP 混合液、溴酚蓝、二甲苯青、黏合硅烷、疏水硅烷、小麦 SSR 引物 5 对左右等。

（3）试剂配制

①10×TBE 缓冲液。Tris 216 g、硼酸 110 g、0.5 mol/L EDTA（pH 8.0）74.5 mL，搅拌溶化，用超纯水定容至 2 000 mL，室温保存。

②6％丙烯酰胺胶贮存液。尿素 420.42 g、丙烯酰胺 60 g、Bis 3.16 g、10×TBE 缓冲

液 50 mL，搅拌溶解后，用超纯水配成 1 000 mL，过滤后置于 4℃冰箱或室温备用。

③加样缓冲液。98％甲酰胺 49 mL、EDTA（0.5 mol/L，pH 8.0）1 mL、0.25％溴酚蓝 0.125 g、0.25％二甲苯青 0.125 g，室温保存。

④2％疏水硅烷。490 mL 氯仿，加入 10 mL 疏水硅烷，混合后室温保存。

⑤0.5％黏合硅烷。5 μL 的黏合硅烷和 5 μL 的冰乙酸加入到990 μL无水酒精中，混匀备用（现用现配）。

⑥10％过硫酸铵。超纯过硫酸铵 2 g、超纯水 18 mL，溶解后，各 EP 管分装 250 μL，－20℃保存。

⑦引物的稀释。新合成的引物，根据合成单位提供的数据，用超纯水将引物稀释成200 μmol/L，放在－20℃冰箱长期保存。

21.1.5　实验步骤

（1）PCR 扩增

①反应条件。

超纯水	11.9 μL
10×加样缓冲液	2.5 μL
10μmol/L dNTP	0.4 μL
2.5 μmol/L 引物对	5 μL
20 ng/μL DNA	5 μL
Taq 酶	1 U
总体积	25 μL

②扩增仪器。PTC-200 PCR 扩增仪（MJ Research Inc）。

③扩增程序。

步骤 1	94℃	5 min
步骤 2	94℃	40 s
步骤 3	60/55/50/47℃	30 s
步骤 4	72℃	40 s
步骤 5	35 个循环（步骤 2～步骤 4）	
步骤 6	72℃	10 min
步骤 7	4℃	>1 min
步骤 8	结束	

④扩增产物的变性。在扩增产物中加入 5～8 mL 加样缓冲液，95℃变性 5～10 min 后立即置于冰水混合物中待用。

（2）电泳的准备

①玻璃板的清洗。用热水加洗涤灵把玻璃板反复擦洗干净，用酒精擦干、干燥。其中一块玻璃板上涂 2％ 疏水硅烷后，再擦洗、干燥。另一块玻璃板上涂 0.5％ 黏合硅烷。操作过程中，防止两块玻璃板互相污染，彻底干燥后再进行玻璃板组装、灌胶。

②垂直电泳平板的组装，水平仪检测（灌胶口稍微高一点）。

③聚丙烯酰胺变性胶的配制。6％ PA 胶 50 mL，10％过硫酸铵 250 μL，TEMED

60 μL。

④灌胶。胶混匀，沿灌胶口边轻轻敲打，边轻轻灌入，防止出现气泡。待胶流动到底部，从灌胶口轻轻插入梳子，平口朝下。让胶充分聚合（至少 1 h，如果胶过夜，应在胶的两端铺上湿滤纸或保鲜膜以防胶干燥）。

（3）扩增产物的电泳

①仪器。Sequi-Gen®GT 电泳系统（Bio-Rad laboratories，USA）。胶型：38 cm×30 cm×0.4 mm。

②1×TBE 的电极缓冲液。取 200 mL 的 10×TBE 缓冲液，加入 1 800 mL 去离子水，混匀。其中 800 mL 加入正极槽中，1 200 mL 加入负极槽。

③预电泳。100 W 恒定功率电泳 30 min。预电泳结束后，清除胶面沉积的尿素和气泡，插入样品梳子。

④电泳。筛选引物时，66 孔样梳，加变性的扩增样品 DNA 4～6 μL，一次点样，功率 80 W，电泳 1 h。鉴定群体时，采用一次点样（同筛引物）或两次点样（第 1 次点样电泳 45 min后，点第 2 次样，然后再电泳 50 min）。

（4）银染显色

①脱色与固定。电泳结束后，小心分开两块玻璃板，胶会紧紧贴在涂有黏合硅烷的玻璃板上。放入新配制的 10％冰乙酸中，轻摇 30 min 至指示剂无色。

②漂洗。用去离子水漂洗胶板 3 次，每次 3～5 min。

③银染。加入 1 L 染色液（含 1 g AgNO$_3$、1.5 mL 37％甲醛），轻轻摇动染色 30 min。

④漂洗。用去离子水漂洗胶板不超过 10 s。

⑤ 显影。将胶板放入 1 L 冷的显影液（含 30 g 碳酸钠、1.5 mL 37％甲醛、200 μL 10 mg/mL 硫代硫酸钠）中并轻轻摇动，直至带纹清晰出现。

⑥ 停显/定影。将胶板转移至 10％冰乙酸溶液中停显/定影 3～5 min。

⑦ 漂洗。用去离子水漂洗胶板 3 次，每次 2 min。

⑧ 干燥。将胶板置于室温下自然干燥。

（5）实验结果检测

保存胶板，或进行拍照，或直接读取带型数据。

21.1.6 实验作业

①对实验结果进行分析。
②所用试剂配制中应注意哪些问题？
③扩增产物凝胶电泳中应特别注意哪些问题？

21.2 AFLP 标记的检测

21.2.1 实验目的

了解 AFLP 检测的原理，通过实验掌握 AFLP 分子标记技术。

21.2.2　实验原理

扩增片段长度多态性（amplified fragment length polymorphism，AFLP）技术是基于 PCR 反应的一种选择性扩增限制性片段的方法。由于不同物种的基因组 DNA 大小不同，基因组 DNA 经限制性内切酶酶切后，产生分子质量大小不同的限制性片段。使用特定的双链接头与酶切 DNA 片段连接作为扩增反应的模板，用含有选择性碱基的引物对模板 DNA 进行扩增，选择性碱基的种类、数目和序列决定了扩增片段的特殊性，只有那些限制性位点侧翼的核苷酸与引物的选择性碱基相匹配的限制性片段才可被扩增。扩增产物经放射性同位素标记、聚丙烯酰胺凝胶电泳分离，然后根据凝胶上 DNA 指纹的有无来检验多态性。Vos 等（1995）曾对 AFLP 的反应原理进行了验证，结果检测到的酶切片段数与预测到的酶切片段数完全一致，充分证明了 AFLP 技术原理的可靠性。

AFLP 技术包括 3 个步骤：①DNA 被限制性内切酶切割，然后与 AFLP 聚核苷酸接头（adaptor）连接；②利用 PCR 方法，通过变性、退火、延伸循环，选择性扩增成套的限制性片段，经过多次循环，可使目的序列扩增到 $0.5 \sim 1.0\ \mu g$；③利用聚丙烯酰胺凝胶电泳分离扩增的 DNA 片段。

利用一套特别的引物在不需要知道 DNA 序列的情况下，可在一次单个反应中检测到大量的片段。由于 AFLP 扩增可使某一品种出现特定的 DNA 谱带，而在另一品种中可能无此谱带产生。因此，这种通过引物诱导及 DNA 扩增后得到的 DNA 多态性可作为一种分子标记。AFLP 技术是一种新的而且有很大功能的 DNA 指纹技术。

21.2.3　实验材料

实验二十制备的 DNA 样品。

21.2.4　实验用具、药品

（1）仪器用具

PCR 仪、高压电泳仪、台式高速离心机、高压蒸汽灭菌锅、−70℃或−20℃冰箱、与电泳玻璃相配的染色盘、吸头、小指管等。

（2）药品试剂

①AFLP 核心试剂。

Pst I /*Mse* I	100 μL
10×反应缓冲液	250 μL
10 mmol/L ATP（4 U/μL 每种）	250μL
接头	50 μL
T4 DNA 连接酶（3 U/μL）	50 μL
基因组 DNA（50 ng/μL）	20 μL
预扩增引物	50 μL
dNTP	2 mL
AFLP-水	10 mL
AFLP-TE	10 mL

10×PCR 缓冲液	10 mL
Taq 酶（2U/μL）	2 000 U

②AFLP 引物。

Pst I 引物（5 ng/μL）

primer P—GAA	200 μL
primer P—GAC	200 μL
primer P—GAG	200 μL
primer P—GAT	200 μL
primer P—GTA	200 μL
primer P—GTC	200 μL
primer P—GTG	200 μL
primer P—GTT	200 μL

Mse I 引物（30 ng/μL）

primer M—CAA	200 μL
primer M—CAC	200 μL
primer M—CAG	200 μL
primer M—CAT	200 μL
primer M—CTA	200 μL
primer M—CTC	200 μL
primer M—CTG	200 μL
primer M—CTT	200 μL

21.2.5 实验步骤

（1）模板 DNA 制备

扩增反应中的模板 DNA 可以用基因组 DNA 也可以用 cDNA。首先，双酶切目的 DNA，如 Pst I/Mse I 两种酶。然后用 T4 DNA 连接酶，将 Pst I 和 Mse I 接头与酶切片段连接起来，连接后，稀释 10 倍，−20℃贮存。则模板 DNA 可用于扩增反应。

AFLP 反应对模板 DNA 浓度不是很敏感，在 25 ng 甚至 25 pg 时，均可以观察到多态性带，但为了实验的准确性，DNA 浓度不能太低，而且模板 DNA 最好纯一些，以防干扰实验。

①植物总 DNA 的限制性酶切。

试剂	用量	终浓度
H_2O	17.16 μL	
DNA（200～250 ng/μL）	2 μL	20 ng/μL
10×OPA（One-Phor-A11）缓冲液	2.5 μL	1×
DTT（DL-dithiothreitol）（50 mmol/L）	2.5/μL	5 mmol/L
Mse I（10 U/μL）	0.5/μL	5 U
Pst I（15 U/μL）	0.34/μL	5 U
总体积	25 μL	

37℃ 3 h 之后，70℃ 加热 15 min，终止酶切反应。

②单链接头的退火（如果是现成的双链接头，这一步省略）。

制作两个接头的贮备液：将 MseⅠ和 PstⅠ单链接头分别混合，配成终浓度 25 μmol/L 的溶液，90℃ 加热 3 min，然后自然冷却至室温。最后，将 PstⅠ的接头稀释到 5 μmol/L。

③DNA 片段与接头的连接。

试剂	用量	终浓度
H$_2$O	3.3 μL	—
MseⅠ 接头（25 μmol/L）	2 μL	5 μmol/L
PstⅠ 接头（5 μmol/L）	1 μL	1 μmol/L
10× OPA（One-Phor-A11）缓冲液	1 μL	1×
DTT（DL-dithiothreitol）（50 mmol/L）	1 μL	5 mmol/L
ATP（10 mmol/L）	1.2 μL	1.2 mmol/L
T4 DNA 连接酶（5 U/μL）	0.5 μL	2.5 U
总体积	10 μL	

将这 10 μL 连接液加入上述酶切后的 25 μL 反应液中，16℃ 过夜连接。

（2）DNA 扩增反应

AFLP 扩增一般使用 2 个引物，扩增的条件依赖于 AFLP 引物的选择性核苷酸的性质，扩增反应需经过几十次循环。当引物无或有 1 个选择性核苷酸时，AFLP 只需 20 个循环，每次循环分为以下几步：94℃，DNA 样品变性 30 s，56℃ 退火 1 min，72℃ 延伸 1 min。当引物有 2 或 3 个选择性核苷酸时，AFLP 反应是 36 个循环。第 1 个循环是：94℃ DNA 变性 30 s，65℃ 退火 30 s，72℃ 延伸 1 min；第 2～13 个循环，DNA 退火温度每次递减 0.7℃，其余步骤同第 1 个循环。第 14～36 循环，退火温度是 56℃，其余步骤同第 1 个循环。

对于复杂基因组 DNA，AFLP 扩增不同于简单基因组，要分两步进行，即第 1 步是预扩增，用 2 个 AFLP 引物，AFLP 引物只有 1 个选择性核苷酸，扩增后，反应混合物稀释 10 倍，DNA 用作模板，进行第 2 次扩增，第 2 次扩增的引物是具有 3 个选择性核苷酸的引物。两步法有以下好处：一是可减少 "smear" 背景污染，二是可为 AFLP 反应提供大量的模板 DNA。

①DNA 片段的预扩增。

试剂	用量	终浓度
H$_2$O	13.8 μL	—
MseⅠ ＋ A 引物（75 ng/μL）	1 μL	3 ng/μL
PstⅠ ＋ A 引物（75 ng/μL）	1 μL	3 ng/μL
10×PCR 缓冲液	2.5 μL	1×
MgCl$_2$（25 mmol/L）	1.5 μL	1.5 mmol/L
dNTP（每种 10 mmol/L）	1.2 μL	每种 0.48 mmol/L
Taq 酶（5 U/μL）	2 μL	1 U
R-L DNA（10 ng/μL）	2 μL	0.8 ng/μL
总体积	25 μL	

预扩增 PCR 程序（22 个循环）：

步骤 1：94℃   30 s

步骤 2：54℃   1 min

步骤 3：72℃   1 min

反应结束后，取 5～8 μL 预扩增产物，用 1‰琼脂糖凝胶检测是否出现均匀的弥散产物（smear），如果有"smear"，则取预扩增产物 5 μL，用水稀释到 100 μL，4℃下贮存，其余的预扩增产物在−20℃保存。

②选择性扩增。

试剂	用量	终浓度
水	4.3 μL	—
Mse I ＋ 3 引物（25 ng/μL）	0.75 μL	1.8 ng/μL
Pst I ＋ 3 引物（25 ng/μL）	0.75 μL	1.8 ng/μL
10×PCR 缓冲液	1 μL	1×
$MgCl_2$（25 mmol/L）	0.6 μL	1.5 mmol/L
dNTP（每种 10 mmol/L）	0.5 μL	每种 0.5 mmol/L
Taq 酶（5 U/μL）	0.1 μL	0.5 U
预扩增引物	2 μL	—
总体积	10 μL	

选择性扩增 PCR 程序（35 个循环）：

步骤 1：94℃   30 s

步骤 2：60℃   30 s

步骤 3：72℃   1 min

步骤 4：返回步骤 1   34 个循环

步骤 5：72℃   10 min

扩增后的产物在 4℃下保存。

（3）凝胶电泳

扩增反应结束后，每个 DNA 样品取 2 μL，在 4.5％聚丙烯酰胺凝胶上电泳，电泳后，凝胶用 10％乙酸固定，晾干，银染或放射自显影，得到被扩增的 DNA 谱带，通过比较即可找出不同样品 DNA 谱带的差异。程序与前文 SSR 的电泳程序类似，不同的步骤如下：

①电泳槽（胶型）。电泳槽规格为 38 cm×50 cm×0.4 cm。

②4.5％PA 胶。40 g 尿素、10 mL 10×TBE 缓冲液、11.25 mL 40％PA。定容到 100 mL，混匀，静置片刻，以消除气泡，在灌胶前加 100 μL TEMED 和 1 mL 10％ APS。

③电泳。功率 80 W，预电泳 15～20 min；点样，功率 80 W，电泳 2.5 h。

（4）实验结果检测

凝胶放在空气中干燥后，可从凝胶板上直接读出棕褐色条带。

21.2.6　实验作业

①读带并进行多态性分析。

②AFLP 标记与 SSR 标记有何不同？

实验二十二 细菌质粒 DNA 的提取与纯化

22.1 实验目的

通过细菌质粒 DNA 提取和纯化实验，了解质粒 DNA 与线状 DNA 的差异，掌握 DNA 提取和纯化的实验技术和方法。

22.2 实验原理

细菌中有两种 DNA，即染色体 DNA 和质粒 DNA。质粒 DNA 在遗传工程研究中常被用作基因转化的载体或用于构建基因文库。常用的质粒 DNA 分离方法有 3 种：碱裂解法、煮沸法和去污剂（如 Triton 或 SDS）裂解法。前两种方法比较剧烈，它们可破坏碱基配对，使宿主细胞的线状染色体 DNA 变性，而共价闭合环状 DNA（covalently closed circular DNA，cccDNA）由于拓扑缠绕，两条链不会互相分离。当外界条件恢复正常时，质粒 DNA 的双链又迅速恢复原状，重新形成天然的超螺旋分子，而较大的线状染色体 DNA 则难以复性，这两种方法适用于较小的质粒。第 3 种去污剂裂解法则比较温和，一般用来分离大质粒（＞15kb）。上述 3 种方法既可用来分离少量的质粒，也可等比例扩大用来分离大量的质粒。

对于松弛型质粒，可在细菌对数生长后期加入氯霉素扩增质粒数小时，增加基因或质粒拷贝数，该过程称为扩增（amplification）。由于氯霉素抑制了宿主的蛋白质合成，从而抑制了染色体的复制，但质粒复制所用的酶半衰期较长，故质粒仍可继续复制，这样既可增加质粒产量，又可降低细胞的数量，使细菌裂解液的黏度降低而便于操作。通常用于扩增的氯霉素浓度为 170 μg/mL。在含大质粒的一些细菌中，经氯霉素处理后，质粒的含量仍然很低，需要用其他方法处理和培养细菌，例如，用 TB 培养基可使大质粒的产量提高 4～6 倍。对于含氯霉素抗性基因的质粒扩增，需要用壮观霉素（spectinomycin）代替氯霉素进行扩增。

质粒 DNA 纯化的方法，都是利用质粒 DNA 相对较小和它的共价闭合环状特性。常用的纯化方法有 CsCl/溴化乙锭梯度平衡离心和 PEG 判别沉淀。前者可完全分离闭合环状 DNA 分子，适用于纯化易于产生切口的较大的质粒（＞15kb）。后者省钱省时，但不能有效地将质粒 DNA 的切口环状分子与闭合环状分子分开。许多厂家根据离子交换、凝胶过滤等方法的原理设计的各种商品层析柱，也可快速分离纯化微量的质粒 DNA。

通常可将微量提取出的质粒溶于 TE 中，然后在 4℃下短期保存或在－20℃和－70℃下长期保存。也可在含有质粒的细菌培养物中，加入等体积的甘油或等体积 7%（体积比）的 DMSO，在－70℃下长期保存。

22.3 实验材料

大肠杆菌（*E.coli*）

22.4 实验用具、药品

（1）仪器用具

控温高速离心机、恒温箱、高压蒸汽灭菌锅、酒精灯、5 mL 快速封口超速离心管、三角烧瓶、试管、培养皿、载玻片、镊子、接种针、解剖针、滤纸等。

（2）药品试剂

STET 溶液（8% 蔗糖、0.5% Triton X-100、50 mmol/L EDTA、50 mmol/L Tris-HCl，pH 8.0）、溶菌酶、冷异丙醇、TE 缓冲液（10 mmol/L Tris-HCl，pH 8.0；1 mmol/L EDTA，pH 8.0）、10 μg/mL RNA 酶（无 DNA 酶）、葡萄糖/Tris/EDTA 溶液 [50 mmol/L 葡萄糖、25 mmol/L Tris-HCl（pH 8.0）、10 mmol/L EDTA]、3 mol/L 乙酸钾溶液（29.5 mL 冰乙酸加 KOH 颗粒调 pH 至 4.8，加水至 100 mL，不必高压灭菌，室温下贮存）、100% 和 70% 酒精、NaOH/SDS 溶液 [0.2 mol/L NaOH、1% SDS（新鲜配制）]、LB 液体培养基、10 mol/L 乙酸铵、3 mol/L 乙酸钾（294 g 乙酸钾、50 mL 90% 甲酸，加水至 1 L）、氯仿/异戊醇（24∶1）、3 mol/L 乙酸钠（pH 5.5）、PEG 溶液（30% PEG 8000、1.6 mol/L NaCl，在 4℃ 下贮存）、CsCl、10 mg/mL 溴化乙锭、CsCl/TE 溶液（10 mL TE 缓冲液、10 g CsCl）、TE 缓冲液 0.2 mol/L NaCl、Doewx AG 50W-X8 树脂等。

22.5 实验步骤

22.5.1 细菌质粒 DNA 提取

（1）煮沸法

①将单菌落接种到 5 mL LB 液体培养基中，37℃ 振荡培养至对数生长后期。

②取 1.5 mL 培养液离心 20 s，收集细菌细胞并加 300 μL STET 溶液（含溶菌酶 200 μg），重新悬浮。冰浴 30 s 至 10 min。

③煮沸 1~2 min，离心 15~30 min，然后将上清液移到一支新试管中。加入 200 μL 冷异丙醇，混合。在 -20℃ 下放置 15~20 min。离心 5 min，除去上清液后真空干燥。加入 50 μL 冷 TE 缓冲液重新悬浮 DNA。

（2）碱裂解法

①将单菌落接种到 5 mL LB 液体培养基中，37℃ 振荡培养至对数生长后期。

②取 1.5 mL 培养液，7 500 r/min 离心 20 s，除去上清液并加 100 μL 葡萄糖/Tris/ED-TA 溶液重新悬浮。室温放置 5 min。

③加入 200 μL NaOH/SDS 溶液，混合，然后冰浴 5 min。

④加入 150 μL 乙酸钾溶液，混合，置冰浴 5 min

⑤ 7 500 r/min 离心 1 min 并将上清液移至 1 支新管中。

⑥ 加入 0.9 mL 100％酒精混合并在室温下放置 2 min。室温下 12 000g 离心 1 min 并除去上清液。

⑦ 用 70％酒精洗一下，真空干燥。加 20 μL TE 缓冲液重新悬浮 DNA。

（3）大量质粒 DNA 的提取

大量提取较小的质粒 DNA 时，除用 500 mL 培养细菌（经氯霉素扩增）外，其他都可按比例扩大少量提取法中煮沸法和碱裂解法的步骤。如果用 2 倍体积的酒精沉淀 DNA 时，样品体积过大，则可用 0.6 倍体积的异丙醇代替酒精沉淀 DNA。提取大质粒 DNA（>15 kb，如黏粒）时，可用温和的 Triton 法或 SDS 法。本实验介绍碱裂解法。

①细菌的收集。接种单菌落于 5 mL 含抗生素的 LB 液体培养基中，37℃剧烈振摇培养过夜。取 1 mL 过夜培养物接种到装有 500 mL 含抗生素 LB 的 2L 三角瓶中，剧烈振摇培养至饱和（或培养 2.5 h 至 OD_{600}＝0.4，加入 2.5 mL 34 mg/mL 氯霉素酒精溶液至氯霉素终浓度为 170 μg/mL，37℃下剧烈振摇培养 12～16 h，进行氯霉素扩增）。3 000 r/min 离心 10 min 后，倾去上清液，收集菌体沉淀。收集的细菌即可用大量提取法提取质粒 DNA。

②用 4 mL 葡萄糖/Tris/EDTA 溶液重新悬浮细胞沉淀并转到 1 支离心管中。

③加入 1 mL 溶解在葡萄糖/Tris/EDTA（25mg/mL）中的溶菌酶，充分混合，在室温下放置 10 min。

④加入 10 mL NaOH/SDS 溶液，用 1 根吸管轻轻地搅动溶液，直到其变成均匀、清亮和十分黏稠。冰浴 10 min。

⑤加入 7.5 mL 3 mol/L 乙酸钾，用 1 根吸管轻轻地搅动直到黏性降低并形成大块沉淀物。冰浴 10 min。

⑥用 SS-34 转头以 13 000 r/min 或用 TA-17 转头以 12 500 r/min 在 4℃下离心 10 min。将上清液移至 1 支新离心管中。

⑦加入 0.6 倍体积异丙醇，颠倒离心管混合，并在室温下放置 5～10 min。

⑧用 SS-34 转头以 11 500 r/min 或用 JA-17 转头以 10 500 r/min（15 000g）在室温下离心 10 min。弃去上清液。

⑨用 70％酒精洗涤沉淀并按上述方法离心（大约 2 min）。吸去酒精，真空干燥沉淀。用 PEG 沉淀法或 CsCl/溴化乙锭平衡离心法从核酸沉淀中纯化质粒 DNA。

22.5.2　细菌质粒纯化

（1）PEG 沉淀法

PEG 沉淀法迅速、可靠和简便，不用进行超速离心。但该方法不能区分超螺旋 DNA 和带切口的开环 DNA。

①用 1 mL 葡萄糖/Tris/EDTA 溶液重新悬浮核酸沉淀。

②加入 2 mL NaOH/SDS 溶液，颠倒离心管混合。在室温下放置5～10 min。

③加入 1.5 mL 乙酸钾溶液，混合。在室温下放置 5～10 min。

④在室温下，12 500 r/min 离心 10 min。将上清液转到一干净的离心管中。

⑤加 RNA 酶（无 DNA 酶）至终浓度 20 μg/mL，在 37℃保温 20 min。

⑥用等体积的饱和酚抽提，取上清液再用等体积的氯仿/异戊醇（24：1）抽提。

⑦加入 10 mol/L 乙酸铵至终浓度 2 mol/L，加入 2 倍体积的 100％酒精并在干冰中放置 10 min。

⑧在 4℃下 6 000 r/min 离心 10 min，弃去上清液。

⑨用 70％酒精洗一下沉淀，真空干燥。用 2 mL TE 缓冲液重新悬浮干燥的沉淀，加入 0.8 mL PEG 溶液，在 0℃放置 1～15 h。质粒 DNA 的回收随在 0℃下保温时间延长而增加，通常保温 1 h 后约可回收 50％ DNA。若需定量，沉淀用 1 mL TE 缓冲液重新悬浮。

⑩加入 3 mol/L 乙酸钠至终浓度 0.3 mol/L，再加入 2 倍体积 100％酒精，将离心管在干冰中放置 10 min。

⑪ 如步骤⑩再离心。用 70％酒精洗涤一下沉淀后，真空干燥。

⑫ 将 DNA 溶解在 TE 缓冲液中并在 4℃下保存。

（2）CsCl/溴化乙锭平衡离心法

该方法产生高质量的质粒 DNA，能区别超螺旋 DNA 和带切口的开环 DNA。但为了建立密度梯度需要用诱变剂溴化乙锭和需要长时间的超速离心。

①用 4 mL TE 缓冲液重新溶解核酸沉淀，加入 4.4 g CsCl 并使其溶解，加入 0.4 mL 10 mg/mL 溴化乙锭并混合。

②将上述溶液移到 5 mL 快速封口的超速离心管中（可用 CsCl/TE 溶液加满离心管），然后封口。在 20℃下，用 Beckman VTi180 转头以 77 000 r/min 离心 3.5 h 或用 VTi180 转头以 65 000 r/min 或用 VTi65 转头以 58 000 r/min 离心 14 h 以上。

③用 1 支 20 号注射针头从侧面插入第 2 条深红色 DNA 带的底部（上面的 1 条带是染色体 DNA，此带也可能看不见），针口的斜面朝上。缓慢地吸取出质粒 DNA 带。

④取 1 支由玻璃棉塞住口的吸管，制备 1 根 Doewx AG50W-X8 树脂柱，该柱的柱床体积应为所收集的质粒 DNA 体积的 2～3 倍。先用数倍柱体积的 TE 缓冲液/0.2 mol/L NaCl 洗涤并平衡柱子。

⑤直接将收集的质粒 DNA/溴化乙锭溶液加到柱床树脂的上端。

⑥立即收集过柱的溶液。用与上样溶液等体积的 TE 缓冲液/0.2 mol/L NaCl 洗柱 2 遍。

⑦在洗脱的 DNA 溶液中加入 2 倍体积的 100％酒精，在室温或−20℃沉淀 DNA。

⑧按照 22.5.2 PEG 沉淀法的步骤⑪和⑫完成整个过程。

【注意事项】

（1）Doewx AG50W-X8（100～200 网孔，BioRad）树脂的制备方法如下：

①用 10 倍以上体积 0.5 mol/L NaOH 洗涤，直到洗出液无色。

②用 5～10 倍体积 0.5 mol/L HCl 洗涤。

③用 5～10 倍体积 0.5 mol/L NaCl 洗涤。

④用 5～10 倍体积蒸馏水洗涤。

⑤用 5～10 倍体积 0.5 mol/L NaOH 洗涤。

⑥用蒸馏水洗至 pH＝9。

⑦在 4℃下贮存在 0.5 mol/L NaCl/0.1 mol/L Tris（pH 7.5）缓冲液中。

（2）除使用 AG50W-X8 外也可用有机溶剂抽提除去溴化乙锭（Sambrook 等，1989），方法如下：

①在上述步骤用针筒取出质粒 DNA 后，加等体积水饱和正丁醇（或等体积异戊醇）于

DNA 溶液中。混合后 10 000 r/min 离心 3 min。

②用吸管将上层有机物除去。

③重复抽提（步骤①～②）4～6 次直至水相和有机相中的粉红色完全消失。

④加 2 倍体积的水稀释 DNA 溶液，再加入原抽提水相 6 倍体积的酒精在 4℃下放置 15 min，沉淀 DNA。然后在 4℃下 6 500 r/min 离心 15 min。最后将沉淀的 DNA 溶解于 1 mL TE 中（pH＝8.0），贮于－20℃下。

（3）除去 CsCl 的方法一般有 4 种：透析袋、凝胶色谱柱、微量浓缩器（Amicon）过滤及样品稀释后用酒精沉淀 DNA。

（4）对于一些要求较高的实验（如 T4 核苷酸激酶标记 DNA 片段 5′末端），DNA 溶液中不能混有微量的 RNA。因为微量 RNA 虽然量很少，但由于片段 5′端较多，会严重干扰实验结果，必须除去。除去 RNA 的方法有：

①用 RNA 酶降解后，用 1 mol/L NaCl 离心纯化，除去降解的寡核苷酸，方法是将 1 mL RNA 酶处理后 DNA 样品铺在 4 mL 1 mol/L NaCl 溶液上，用 Beckman SW50.1 转头，40 000 r/min 超离 6 h，从管底回收质粒 DNA。而该核苷酸仍在上清液中。

②用某些色谱柱子（如 Bio-Gel A150m 或 Sepharose CL-4B）除去 RNA（Sambrook 等，1989）。

22.6　实验作业

①按上述实验步骤制备提取并纯化细菌质粒 DNA。

②分析讨论细菌质粒 DNA 提取和纯化过程中各主要步骤的作用机理和应该注意的事项。

实验二十三 农杆菌转化技术

23.1 实验目的

学习和掌握基因工程研究中外源基因转化技术的原理与方法。

23.2 实验原理

目前植物基因工程外源基因导入植物体的方法主要有农杆菌法、PEG 法、电击法、微针注射法、基因枪法、花粉管通道法等。植物转基因载体主要有病毒载体、农杆菌质粒载体及带病毒启动子的重组载体等。不同植物材料、不同基因类型有不同的转化方法，其结果也会有不同。

农杆菌介导的目的基因转化是经典的转外源基因方法，具有转化频率高、单拷贝转化等优点。农杆菌质粒上具有 5 个主要功能区，即 T-DNA、质粒转移、冠瘿碱代谢、复制原点和毒性区。其中 T-DNA 是一段可以移动的 DNA，直接参与转移并整合到植物染色体上的 DNA 序列。T-DNA 区内的序列与转移无关，因此将外源基因整合到 T-DNA 构成的重组质粒可将其外源基因转移并整合到植物染色体组中。

农杆菌分根癌农杆菌（*Agrobacterium tumefaciens*）和发根农杆菌（*A. rhizogenes*）。前者称 Ti 质粒，感染植物产生瘿瘤；后者称 Ri 质粒，感染植物产生毛状根。两者的结构大致相似，均含有巨大质粒，并可使 T-DNA 插入植物基因组。目前这两种农杆菌均已在植物遗传转化中得到利用，但在具体实验中有许多因素对转化过程和转基因植株的再生产生影响。其中关键的有植物基因型、农杆菌株系（染色体背景、毒性基因）、接种方法、靶细胞生理状态及对转化植株的筛选程序等。目前常用转化受体通常来自于植物的原生质体及外植体组织（包括下胚轴、子叶柄、茎段等）。在这些基因受体中，较常用的为下胚轴、子叶柄和茎段。在不同实验体系中不同外植体组织的再生频率不同，一般认为外植体切面上的愈伤组织的快速拓展是成功转化的必要条件。

农杆菌转化体系目前主要的选择标记是新霉素磷酸转移酶 Ⅱ（NPT Ⅱ），另外分别介导对潮霉素、氨甲嘌呤、除草剂及链霉素抗性的潮霉素磷酸转移酶基因、二氢叶酸还原酶基因、*Bar* 基因及 *spt* 基因也是可以采用的筛选标记。

23.3 实验材料

农杆菌（*A. tumefaciens*）、重组 Ti 质粒［含选择标记基因新霉素磷酸转移酶 Ⅱ（NPT Ⅱ）和抗除草剂基因］、烟草（*Nicotiana tabacum*）种子或无菌苗、陆地棉（*Gossypium hirsutum*）品种珂字棉 312 种子或无菌苗。

23.4　实验用具、药品

（1）仪器用具

光照培养箱、离心机、超净台等。

（2）药品试剂

MS 培养基、YEB 培养基等。

23.5　实验操作

（1）配制培养基

按附录 I 分别配制愈伤组织诱导的培养基和分化培养基。

（2）外植体培养

将幼苗的叶片、胚轴、茎段及子叶或无菌外植体，在愈伤组织诱导培养基上培养 2～3 d，直至材料切口处膨大。

（3）农杆菌培养

将农杆菌接种于 YEB 液体培养基，28～32℃培养至 OD_{600} 0.5 左右；5 000 r/min 离心 5 min沉淀菌体，用原生质体液体培养基悬浮稀释细胞至 $1×10^9$ 个/mL，置于冰上。

（4）农杆菌侵染

无菌下，将农杆菌菌液移入无菌培育皿中，取出无菌外植体放入菌液中浸泡 1～5 min，取出外植体用无菌滤纸吸干残留液体。

（5）共培养

将侵染过的外植体接种在愈伤或分化诱导培养基上，28℃避光培养 2～4 d。

（6）灭菌

经共培养后的外植体用相应的抗生素（根据农杆菌基因组结构，选择敏感的抗生素）进行消毒，杀灭外植体上的农杆菌。

（7）选择培养

将脱菌的外植体继代到含选择压力（卡那霉素）的脱菌诱导培养基上，以 25℃ 2 000～10 000 lx 下选择培养。

（8）继代和生根培养

继代和生根培养同一般植物组织培养，仅在培养基中保持选择压力。

（9）分子检测

根据外源基因 DNA 序列设计引物，用重组质粒为对照，对转基因植株进行 PCR 扩增，验证转基因植株外源基因的存在。

（10）生物检测

Basta 除草剂涂抹转基因植株叶片，以非转基因植物为对照，2 d 后对照及非转基因植株的叶片开始褪绿并枯萎，而转基因且外源基因能表达者则无褪绿现象（图 23-1）。

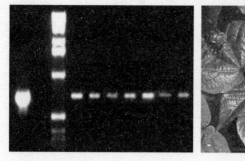

A   B   C

图 23-1 转基因棉花植株检测结果

A. PCR 检测

B、C. Basta 抗性检测：B. 非转基因植物，叶片褪绿 C. 转基因植物且外源基因可表达，叶片不褪绿

23.6 实验作业

①按实验步骤进行烟草农杆菌的转化实验，获得再生植株。

②比较经农杆菌介导再生的转基因植株间的 PCR 和生物检测结果，二者是否一致？为什么？

实验二十四　数量性状遗传分析

24.1　实验目的

掌握双列杂交实验数量性状分析的遗传模型，熟悉数量遗传分析软件包 QGAStation 的使用，理解数量性状遗传变异的各项遗传效应分量及其含义。

24.2　实验原理

（1）性状表型变异的分解

对于只含亲本及 F_1 两个世代的双列杂交数据资料，性状表现型变异可做如下分解：$V_P = V_A + V_D + V_e$（单环境实验资料）；$V_P = V_A + V_D + V_{AE} + V_{DE} + V_e$（多环境实验资料）。如果实验还包含 F_2 世代的信息，则模型还可分析加加上位性效应，相应的变异分解公式为：$V_P = V_A + V_D + V_{AA} + V_e$ 和 $V_P = V_A + V_D + V_{AA} + V_{AE} + V_{DE} + V_{AAE} + V_e$。

（2）遗传率的估计及分解

①不存在基因型与环境的互作。

狭义遗传率：$h^2 = \dfrac{V_A}{V_P}$（AD 模型），或者 $h^2 = \dfrac{V_A + V_{AA}}{V_P}$（ADAA 模型）；

广义遗传率：$H^2 = \dfrac{V_G}{V_P} = \dfrac{V_A + V_D}{V_P}$（AD 模型），或者 $H^2 = \dfrac{V_G}{V_P} = \dfrac{V_A + V_D + V_{AA}}{V_P}$

②存在基因型与环境互作。若存在基因型与环境互作，则狭义遗传率可分解为普通狭义遗传率和互作狭义遗传率，广义遗传率分解为普通广义遗传率和互作广义遗传率，具体公式如下：

$$h^2 = h_G^2 + h_{GE}^2 = \frac{V_A}{V_P} + \frac{V_{AE}}{V_P}\text{（AD 模型），或者}$$

$$h^2 = h_G^2 + h_{GE}^2 = \frac{V_A + V_{AA}}{V_P} + \frac{V_{AE} + V_{AAE}}{V_P}\text{（ADAA 模型）；}$$

$$H^2 = H_G^2 + H_{GE}^2 = \frac{V_A + V_D}{V_P} + \frac{V_{AE} + V_{DE}}{V_P}\text{（AD 模型），或者}$$

$$H^2 = H_G^2 + H_{GE}^2 = \frac{V_A + V_D + V_{AA}}{V_P} + \frac{V_{AE} + V_{DE} + V_{AAE}}{V_P}\text{（ADAA 模型）}$$

（3）遗传相关系数分析

利用混合显性模型分析方法，同样可将性状间的表型相关分解为不同遗传分量间的相关，如加性相关（r_A）、显性相关（r_D）、加加上位性相关（r_{AA}），如果还存在基因型与环境的互作，则还包括加性与环境互作相关（r_{AE}）、显性与环境互作相关（r_{DE}）、加加上位与环境互作相关（r_{AAE}）等。

24.3 实验材料

采用棉花多年不完全双列杂交试验数据资料（2 个环境、6 个亲本、2 个世代、2 个区组）进行遗传分析。

24.4 实验用具

电子计算机、QGAStation 软件系统（可从 http://ibi.cab.zju.edu.cn/qga/v1.0/index.htm 下载该软件）。

24.5 实验步骤

（1）QGAStation 软件系统的安装及应用

下载 QGAStation 软件系统，并保存在计算机驱动器的目录中。下载文件的文件名为 QGA_Cn.exe 或 QGA.Cn.zip，是经压缩软件压缩后的自释放可执行文件，在 Windows 资源管理器或 DOS 命令窗口中运行该程序，确定存放被释放文件的位置（驱动器、路径及文件夹名），自释放程序将在确定的位置中建立 QGA_Cn 目录，并将释放文件保存到该目录，该目录中包含两个子目录及两个文件，一个是存放各分析子程序的 bin 文件夹，另一个是存放样本数据的 sample 子目录。在资源管理器中执行（双击）"QGA Station.exe"程序，程序执行后的软件界面图 24-1 所示，在工作窗口中打开数据文件即可做相关的遗传分析。

图 24-1　QGAStration 软件界面

（2）数据编排

具体见软件 QGAStation 提供的样本文件 Cotdata.txt。数据文件采用如下方法编排：第 1 列为环境（年份或地点）编号，必须从 1 开始编号，并按升序排列，如果只有 1 个环境，则所有的编号都为 1；第 2、3 列分别为母本和父本编号；第 4 列为世代编号，0 表示亲本，

1 代表 F_1，2 代表 F_2；第 5 列为区组编号，如果只有 1 个区组，则该列的所有编号都为 1；其余各列则为性状。标题行中每一个字段字符间不能有空格。该数据文件可以用 Office Excel 电子表格处理软件编排，并进行排序，缺失数据用实心的句点表示，并另存为文本文件的格式。

（3）模型选择及参数设定

从文件菜单打开数据文件 Cotdata. txt 后，系统将添加"方法"菜单，从该菜单选择"农艺"→"AD 模型"，从弹出的对话框中（图 24-2）设置分析的有关参数。如果数据文件包含多个区组，则可选择"有"选项；语言可选择"中文"或者"英文"，若选择"中文"则结果文件中有关内容将以中文字符输出，否则以英文输出。为检测各项参数估计的显著性，必须确定 Jackknife 类型选项值，主要有"基因型"和"区组"两个选项值，如果模型不含区组效应，则"区组"选项值不可选。确定 Jackknife 抽样数目，该数目主要用于每次 Jackknife 重复抽样时剔除的观测值个数，该选项最大值是 9，最小值是 1。如果需要进行基于混合线性模型的条件分析，还需要确定"条件类型"及进行条件分析的"步长"。"选择所需要做的分析"主要包括 3 个选项值，Var 选项值是指进行各随机效应的方差分析，Het 选项值进行杂种优势的有关分析，Cov 选项值进行性状间协方差分析。

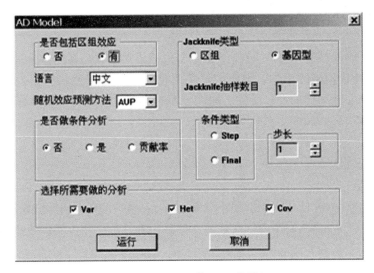

图 24-2 "AD 模型"对话框

（4）分析结果的输出及整理

因原数据文件名为 Cotdata. txt，QGAStation 将输出的结果分别命名为 Cotdata. var、Cotdata. pre、Cotdaa. cov，这 3 个文件分别保存方差分析、杂种优势分析、协方差分析的相关结果。各项分析的结果用逗号分隔，可用 Excel 电子表格处理软件打开这些文件，在打开文件向导步骤 1 的对话框中必须选择按分隔符号打开文件，在步骤 2 的对话框的分隔符号选项栏中选择"逗号"选项，如果结果文件中包含中文则还需在步骤 1 对话框中选择中文字集 [936：简体中文（GB2312）]。

①方差分析结果和遗传率估计值。用 Excel 打开 Cotdata. var，文件的开始部分为分析方法所用的相关参考文献，接着按性状输出方差分析的结果，将两个性状的方差分析结果

（表 24-1）与遗传率的估计值（表 24-2）整理成表，表中"＊＊"与"＊"分别表示参数的估计值达到了 0.01 与 0.05 显著性水平。

表 24-1　方差及方差比率的估计值

方差			方差比率		
参数	铃数	纤维产量	参数	铃数	纤维产量
V_A^2	7.181**	114.942**	V_A^2/V_P^2	0.375**	0.449**
V_D^2	3.177**	42.307**	V_D^2/V_P^2	0.166**	0.165**
V_{AE}^2	0.726**	17.870**	V_{AE}^2/V_P^2	0.038+	0.070**
V_{DE}^2	4.068**	0.000	V_{DE}^2/V_P^2	0.212**	0.000
V_e^2	4.012**	81.081**	V_e^2/V_P^2	0.209**	0.316**

表 24-2　遗传率估计值

遗传率	Bolls	FibYield
普通狭义遗传率 h_G^2	0.375**	0.449**
普通广义遗传率 H_G^2	0.540**	0.614**
互作狭义遗传率 h_{GE}^2	0.038+	0.070**
互作广义遗传率 h_{GE}^2	0.250++	0.070*

②遗传相关分析结果。协方差分析结果主要包括成对性状间各遗传分量的协方差和相关系数，协方差受性状量纲的影响，因此主要采用相关系数进行性状的相关性分析，在本例中，Bolls 与 FibYield 间的加性、显性、加性与环境互作、显性与环境互作的相关系数分别为 0.913**、0.306*、1.000*、0.000。

24.6　实验作业

利用 QGA Station 软件包提供的样本数据 CotF$_2$.txt，分别采用加性显性（AD）模型与加性显性上位性（ADAA）模型进行性状的方差及相关分析，并将分析的结果整理成表。

实验二十五　数量性状基因定位——连锁分析

25.1　实验目的

了解数量性状基因座（QTL）连锁分析的常用群体，掌握 QTL 分析软件系统"QTL-Network"的使用，能对实际的实验数据进行 QTL 的定位分析，理解软件输出的各项结果所代表的数量遗传学含义。

25.2　实验原理

数量性状基因座（quantitative trait locus，QTL）是基因组控制数量性状遗传变异的特定染色体区段，数量性状的遗传变异往往受控于多个 QTL 及环境的协同作用，存在基因间的互作（上位性）、基因与环境间的互作。在植物 QTL 定位研究中，常采用特定的交配群体以提高基因定位的功效，主要有加倍单倍体群体（DH 群体）、回交群体（BC 群体）、重组自交系群体（RIL 群体）、F_2 群体及永久 F_2 群体（permanent F_2 或 immortalized F_2，PF_2 或 IF_2）。目前，交配群体 QTL 定位的常用方法主要有区间作图法（interval mapping，IM）、复合区间作图法（composite interval mapping，CIM）与基于混合线性模型的复合区间作图法（mixed linear model based composite interval mapping，MCIM）。IM 和 CIM 只能检测各个基因的遗传效应，不能分析基因间的上位性效应以及基因与环境的互作效应。MCIM 可从全基因组检测控制性状变异的各个 QTL，将各个基因的效应分解为加性、显性、上位性效应（加加、加显、显加、显显），如果是多环境的实验资料，还可以分析各项遗传效应与环境的相互作用。下面以 MCIM 为例，介绍连锁分析的基本原理。

假设一 DH 作图群体共有 n 个不同基因型（个体），在 p 个环境下进行遗传实验，目标性状表型值受 s 个 QTL 的作用，其中有 t 对 QTL 存在上位性，则第 k 个基因型在第 h 个环境下的性状表型 y_{kh} 可采用下列混合线性模型进行分解。

$$y_{kh} = \mu + \sum_{i=1}^{s} x_{A_{ik}} a_i + \sum_{(i,j)=1}^{t} x_{AA_{ijk}} aa_{ij} + e_h + \sum_{i=1}^{s} x_{A_{ik}} ae_{ih} + \sum_{(i,j)=1}^{t} x_{AA_{ijk}} aae_{ijh} + \varepsilon_{kh}$$

其中，μ 是群体均值，a_i 是第 i 个 QTL（不妨记作 QTL-i）的加性效应，aa_{ij} 是第 (i, j) 对 QTL（QTL-i 与 QTL-j）间的加加上位性效应，ae_{ih} 是 QTI-i 的加性与环境 h 的互作效应，aae_{ijh} 是第 (i, j) 对 QTL 加加上位性与环境 h 的互作效应，ε_{kh} 是残差效应。模型中各 QTL 的加性、加加上位性效应为固定效应，环境、QTL 加性与环境互作效应、QTL 上位性与环境互作效应及残差均为随机效应。由于 DH 群体每一个体都具有纯合基因型，所以不能分析 QTL 显性相关的效应，对于 F_2 或 IF_2 群体则可以分析 QTL 的各项遗传效应（加性、显性、加加上位性、加显上位性、显加上位性、显显上位性）以及各分量与环境的互作效应。

上述模型中各项效应的系数 x 需要根据检测位点 QTL 基因型的条件概率来确定。假设检测的 QTL 位于某一标记区间，其两侧标记基因型不妨假设为 $\{G_{M1}G_{M2}\}$，根据 QTL 与两侧标记的遗传距离，可以获得 3 种 QTL 基因型（QQ，Qq，qq）的条件概率，不妨记为 $p_{QQ}=P\{QQ\mid G_{M1}G_{M2}\}$，$p_{Qq}=P\{Qq\mid G_{M1}G_{M2}\}$ 和 $p_{qq}=P\{qq\mid G_{M1}G_{M2}\}$，在如下单位点基因型与对应遗传效应值假设下：

$$QQ：m+a，Qq：m+d，qq：m-a$$

该 QTL 效应系数可按下式确定：

$$a \cdot p_{QQ} + d \cdot p_{Qq} + (-a)p_{qq} = (p_{QQ}-p_{qq})a + p_{Qq} \cdot d$$

其中（$p_{QQ}-p_{qq}$）为加性效应系数，p_{Qq} 为显性效应系数，上位性及 QTL 与环境互作效应系数为对应主效应系数的乘积。实际中，控制性状的 QTL 数目及位置为未知，我们需要分别采用基因组一维、二维扫描来确定显著的 QTL 位置及数目，然而采用上述模型估算 QTL 的各项效应，检验效应的显著性，详细策略可参考已发表论文（Bioinformatics，2007）。

25.3 实验材料

采用模拟产生的 DH 群体数据资料进行 QTL 分析，模拟的参数设置如下：①共设置 2 个环境、200 个基因型、无重复；②3 条染色体，每条染色体设置 11 个等间距的分子标记，相邻分子标记的间距为 10 cM；③共设 4 个 QTL，其中 3 对 QTL 间存在加加上位性效应，与 QTL 有关的参数设置见表 25-1、表 25-2。

表 25-1 QTL 位置与加性、加性与环境互作效应参数设置

QTL	染色体	标记区间	与左侧标记遗传距离/cM	a	ae_1	ae_2
1	I	3	3.0	4.70	−1.73	1.73
2	I	7	8.0	0.00	0.00	0.00
3	II	4	5.0	−4.10	0.00	0.00
4	III	6	2.0	0.00	−2.24	2.34

表 25-2 QTL 间加加上位性及其与环境互作效应参数设置

QTL-i	QTL-j	aa	aae_1	aae_2
1	2	3.20	0.00	0.00
1	3	0.00	−2.00	2.00
2	4	−4.10	1.84	−1.84

25.4 实验用具

电子计算机、QTLNetwork 软件系统（QTLNetwork 软件的压缩包可从 http://ibi. zju. edu. cn/software /qtlnetwork/index. html 免费下载）。

25.5 实验步骤

（1）QTLNetwork 软件的安装

从上述网页下载安装执行程序 QTLNetwork-2. 0-Setup. exe，或者软件压缩包 QTLNetwork _ v2. 1. zip，将软件安装或解压缩到本地磁盘即可运行该软件。如果采用安装方式安装软件，可以自定义确定安装的目录或采用缺省目录，缺省安装目录是："C：\ Program Files \ QTLNetwork"，安装完毕时桌面会出现一个启动该软件的快捷方式图标。

（2）软件的启动、退出

资源管理器打开软件安装目录，用鼠标双击可执行文件"QTLNetwork. exe"即可启动分析系统，如软件已在桌面安装启动软件的快捷方式图标，则可双击该快捷图标快速启动软件。图 25-1 为 QTLNetwork 启动后的界面。单击软件窗口右上角关闭按钮，也可执行菜单"Project"下面的"Exit"关闭软件。

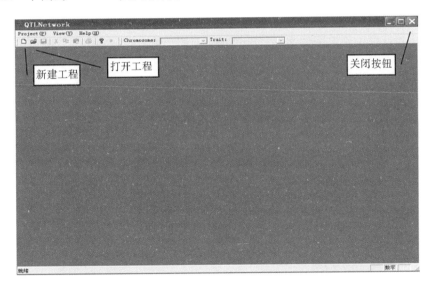

图 25-1 QTLNetwork 软件界面

（3）打开分析数据

软件进行 QTL 定位分析需要 2 个文件，一个是分子标记连锁图谱文件，该文件常用"map"作文件扩展名；另一个文件是数据文件，主要是定位群体、分子标记、性状表型等信息。图谱文件和数据文件都采用一般文本文件格式存储。本实验采用的图谱文件和数据文件分别是"SimDH. map"和"SimDH. txt"，两个文件在软件安装目录下的 Sample 子目录下。如果只需要打开原分析结果，则单击软件窗口快捷工具栏中的打开按钮，如果需要分析新的数据，则可单击快捷工具栏新建按钮，单击此按钮后将弹出一对话框，用于确定打开文件类型、图谱文件位置及文件名、数据文件位置及文件名。图 25-2 为新建或打开分析数据的对话框。

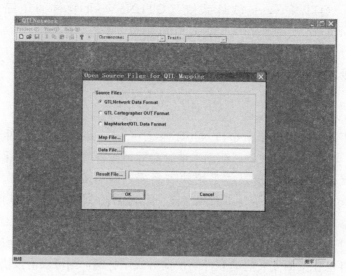

图 25-2　打开分析数据的对话框

软件可打开 3 种类型数据格式，缺省是 QTLNetwork 数据格式，另外两种分别是 QTL Cartographer 数据格式和 MapMaker/QTL 数据格式。选择缺省数据格式，单击"Map File"按钮，在弹出对话框中确定图谱文件"SimDH. map"，单击"Data File"按钮确定数据文件"SimDH. txt"，确定后，在"Result File"文本框内将会自动生成结果文件的存放位置及文件名。结果文件缺省存放位置与图谱或数据文件位置一致，文件名与数据文件相同，但扩展名为"qnk"。图 25-3 是选定图谱文件和数据文件后的对话框界面。完成后单击"OK"按钮，软件界面变为图 25-4。

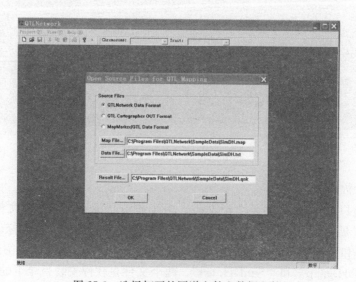

图 25-3　选择打开的图谱文件和数据文件

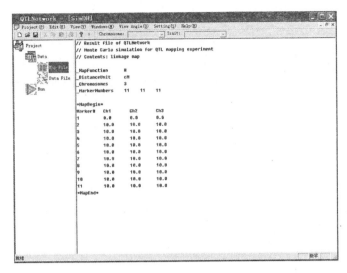

图 25-4　打开图谱文件和数据文件后的软件界面

（4）分析数据

在图 25-4 中单击左侧区域"Project"下面的"Run"，弹出 QTL 分析的参数设置对话框，对话框共有 4 个选项卡，一般情况下只需在"General"选项卡下设置常用参数（图 25-5）。"General"选项卡参数主要包括 4 种，分别是"Map Epistasis"、"Permutation"、"MC-MC"及"Superior Genotype Prediction"。如果要分析上位性，则在"Map Epistasis"文本左侧选择框打钩，如果要分析高阶上位性（加显、显加、显显上位性），则在"High Order Epistasis"左侧选择框打钩，分析上位性时必须选择"Do 2D Genome Scan"。是否可分析高阶上位性与定位群体的类型有关，DH 和 RIl 群体只能分析加加上位性，F_2 或 IF_2 群体则可

图 25-5　确定 QTL 分析参数

分析高阶上位性。如果采用置换检验方法检验各扫描位点的显著性，则选择"Permutation"左侧选择框，缺省置换检验次数是"1000"，一般无需调整该参数，参数的增加会大幅度增加分析的计算量。选择"MCMC"则采用马尔可夫蒙特卡罗方法估算最终全模型的各项参数，并根据抽样分布检验各项效应的显著性。如果选择"Superior Genotype Prediction"，软件会基于 QTL 的位置及效应，进行基因型设计。

另一个常需要更改缺省参数的选项卡是"Significance Level Configuration"。该选项卡主要用于设置 3 个显著性概率值，从上到下分别是："Candidate Interval"——候选标记区间显著性概率值；"Putative QTL Detection"——推断 QTL 显著性的概率值；"QTL Effects"——QTL 效应显著性概率值。一般情况下可以采用 0.05 的缺省设置，如果鉴别的 QTL 偏多，则可减少推断 QTL 显著性的概率值，从缺省的 0.05 降低到 0.01 水平；与此相反，若检测到的 QTL 偏少，则可适当提高显著性水平的阈值，从 0.05 提高到 0.1。

另外两张选项卡为"Genome Scan Configuration"、"Output Configuration"，一般无需更改，采用缺省设置即可。

各选项卡参数设置完毕后，单击底部"确定"按钮，软件立即开始计算分析，一反映分析进展的对话框被弹出（图 25-6）。分析完成后，软件将 QTL 在基因组的位置及互作关系可视化图形显示在右侧窗口，左侧窗口"Project"下面将增加"Config"、"Graph"和"Report"3 个条目（图 25-7），单击"Report"条目后，右侧窗口将显示结果文件所保存的内容（图 25-8）。

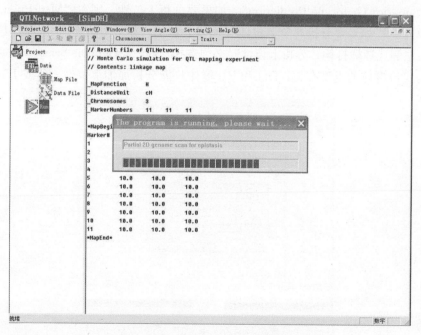

图 25-6　计算分析中的软件界面

（5）理解分析结果

QTL 分析结果会以文本方式保存在结果文件"SimDH. qnk"中，文件前面部分是基因组按 1 cM 步长扫描时单位点显著性的 F 统计量值，以及成对位点上位性显著性的 F 值，主

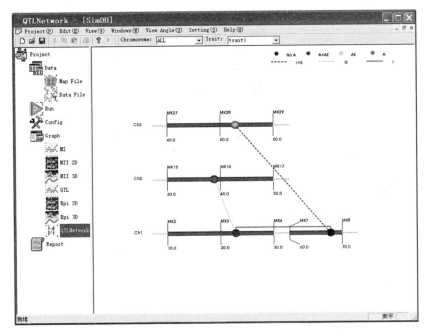

图 25-7　计算分析完成后的软件界面

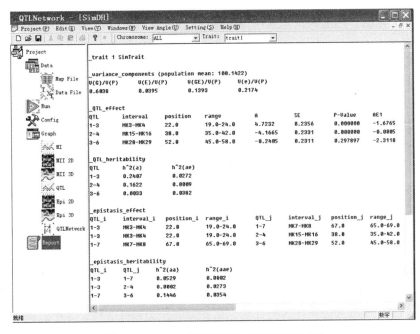

图 25-8　Report 显示结果文件所保存的内容

要用于 QTL 的可视化；文件后半部分给出了性状的各项方差分量比率、单位点显著 QTL 及其环境互作效应的估算值及显著性概率值、成对上位性及其与环境互作的效应估算值及显著性概率值，以及 QTL 各项遗传分量的遗传率。SimDH. qnk 后半部分内容将另存到另一文件 "SimDH. pre"，以便用户阅读。图 25-9 是 SimDH. pre 文件内容，下面就各项内容进行解释。

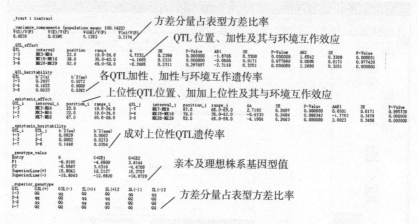

图 25-9　SimDH. pre 所保存的分析结果

图 25-9 中，V（G）、V（E）、V（GE）、V（P）分别表示基因型方差、环境效应方差、基因型与环境互作效应方差、表型方差。＿QTL＿effect 部分：第 1 列为鉴别到的单位点效应显著的 QTL，第 1 个和第 2 个数字分别表示 QTL 所在连锁群及标记区间序号，第 2 列是标记区间，第 3 列是 QTL 与所在连锁群第 1 个标记的遗传距离，第 4 列为 QTL 位置的支撑区间，第 5～7 列分别是加性效应估计值、标准误与显著性概率值，第 8～13 列分别是加性与环境互作效应估计值、标准误及显著性概率值。＿QTL＿heritability 部分为各 QTL 效应分量的遗传率；＿epistasis＿effect 及 ＿epistasis＿heritability 为上位性效应、上位性与环境互作效应估计值、标准误及显著性，以及归因于各项分量的遗传率。＿genotype＿value 是基于 QTL 位置及效应计算的双亲基因型值、理想基因型值，其中 SuperiorLine（＋/－）是基于 QTL 设计的理想株系基因型值，括号中的加号是指该株系能使基因型值达到最大，减号表示该株系能使基因型值达到最小。＿superior＿genotype 给出了 QTL 设计的普通理想株系基因型 GSL，环境特异性理想株系基因型 SL，GSL 右侧括号内"＋"或"－"分别表示该株系能使性状遗传值最大化或最小化，SL 右侧括号内"＋"和"－"含义与此相同，括号右边数字为环境序号。对于各 QTL 位点的基因型，Q 代表来自亲本 1 的等位基因，q 代表来自亲本 2 的等位基因。

（6）QTL 可视化

QTLNetwork 软件提供了 QTL 可视化功能。单击软件左侧"Project"｜"Graph"下的"QTLNetwork"，右侧窗口将显示第 1 个性状所有连锁群及鉴别的 QTL，若两个 QTL 间有实线或虚线相连，则说明它们之间存在加加上位性主效或加加上位性与环境的互作效应，图形右上方给出了各 QTL 形状与颜色代表的含义，实心圆圈代表加性效应，其中红色表示只有加性主效应，没有加性与环境互作效应，绿色表示没有加性主效应，只有加性与环境互作效应，蓝色表示同时具有加性、加性与环境互作效应，黑色表示没有加性、加性与环境互作效应，但与其他 QTL 存在上位性效应。红色实线表示两个 QTL 只存在加加上位性主效应，绿色点线表示只存在加加上位性与环境互作效应，蓝色短划虚线表示同时存在加加主效及加加与环境互作效应。如果单击"Project"｜"Graph"下的"Epi 3D"，即可显示 QTL 的三维视图。执行"Edit"菜单下的"Quick SP（Q）"，即可快速保存 QTL 视图，文件名为"SimDH. bmp"。也可以采用屏幕拷贝等方式将 QTL 视图保存或拷贝到其他应用软件中。

25.6　实验作业

①阅读 QTLNetwork 软件手册"QTLNetworkUserManual. pdf"，了解图谱文件及数据文件的结构特征，掌握结果文件（".qnk"或".pre"）的文件结构及各输出项的含义。

②利用 QTLNetwork 软件，对软件提供的多环境模拟数据（SimF2. map 和 SimF2. txt）采用加性、显性、上位性（加加、加显、显加、显显上位性）及 QTL 各项分量与环境互作效应模型进行 QTL 分析，将分析结果整理成表格，并绘制 QTL 基因组分布的二维与三维视图。

实验二十六 群体等位基因频率、基因型频率估计

26.1 实验目的

理解哈迪-温伯格定律，掌握随机交配群体等位基因及基因型频率的相互关系以及这些频率的估计。

26.2 实验原理

如果一个随机交配群体的某基因座有 k 个复等位基因（A_i，$i = 1, 2, \cdots, k$），则群体总共有 k 种纯合的基因型 A_iA_i，以及 $k(k-1)/2$ 种杂合基因型 $A_iA_j(i \neq j)$。假设各等位基因频率记为 p_1，p_2，$\cdots$，p_k，基因型 A_iA_j 的频率记为 p_{ij}，则在哈迪-温伯格平衡假设下，$p_{ii} = p_i^2$，$p_{ij} = 2p_ip_j(i \neq j)$。如果从该群体随机抽取一个容量为 n 的样本，具有基因型 A_iA_j 的个体数为 n_{ij}，则 A_iA_j 的频率估计公式为 $\hat{p}_{ij} = n_{ij}/n$，标准差为 $\sqrt{\dfrac{1}{n}\hat{p}_{ij}(1-\hat{p}_{ij})}$，等位基因 A_i 的最大似然估计为 $\hat{p}_i = \hat{p}_{ii} + \dfrac{1}{2}\sum_{j \neq i}\hat{p}_{ij}$，标准差为 $\sqrt{\dfrac{1}{2n}(\hat{p}_i + \hat{p}_{ii} - 2\hat{p}_i^2)}$。

26.3 实验材料

本实验采用 Race 等（1936）报道的 MNS 血型数据资料（表 26-1）。MN 血型是依据抗 M 或抗 N 血清的凝聚反应来鉴别，这类血型可认为受同一基因座上的两个等位基因 M 和 N 控制，且 3 种基因型（MM、MN、NN）均能加以区别。S 血型可由抗 S 血清检测，受 1 对等位基因 S、s 控制，S 对 s 表现显性。表格中 MN.S 表示 S 与 M 或 N 位于同一染色体。

表 26-1 93 个家庭的 MNS 血型资料

序号	父亲	母亲	序号	父亲	母亲	序号	父亲	母亲	序号	父亲	母亲
1	MSMs	MsMs	8	MsNs	MsMs	15	MM.S	MsNs	22	MsMs	MSNs
2	MM.S	MsMs	9	MsNs	MsMs	16	MsNs	MM.S	23	MSNs	MSMs
3	MM.S	MM.S	10	MsMs	MsNs	17	MM.S	MsNs	24	MSNs	MSMs
4	MM.S	MM.S	11	MsMs	MsMs	18	MsNs	MM.S	25	MsNS	MSMs
5	MM.S	MM.S	12	MsMs	MSMs	19	MsNs	MM.S	26	MM.S	MN.S
6	MM.S	MM.S	13	MSMs	MSMs	20	MsNs	MM.S	27	MM.S	MN.S
7	MsMs	MsNs	14	MsNs	MSMs	21	MsMs	MSNs	28	MM.S	MN.S

（续）

序号	父亲	母亲	序号	父亲	母亲	序号	父亲	母亲	序号	父亲	母亲
29	MN. S	MM. S	47	NN. S	MM. S	65	MN. S	MsNs	83	NSNs	MSNs
30	MM. S	MN. S	48	MsNs	MsNs	66	MSNs	MSNs	84	NN. S	MN. S
31	MM. S	MN. S	49	MsNs	MsNs	67	MSNs	MSNs	85	MN. S	NN. S
32	MM. S	MN. S	50	MsNs	MsNs	68	MSNs	MSNs	86	MsNs	NSNs
33	MN. S	MM. S	51	MsNs	MsNs	69	MN. S	MN. S	87	NN. S	MsNs
34	MM. S	MN. S	52	MSNs	MsNs	70	MN. S	MN. S	88	NN. S	MsNs
35	MM. S	MN. S	53	MsNs	MSNs	71	MN. S	MN. S	89	NsNs	NsNs
36	NsNs	MsMs	54	MsNs	MSNs	72	MN. S	MN. S	90	NsNs	NSNs
37	NsNs	MsMs	55	MSNs	MsNs	73	NsNs	MsNs	91	NSNs	NsNs
38	NsNs	MsMs	56	MsNs	MSNs	74	MSNs	NsNs	92	NSNs	NsNs
39	MsMs	NsNs	57	MSNs	MsNs	75	NsNs	MSNs	93	NN. S	NsNs
40	MSMs	NsNs	58	MSNs	MsNs	76	NsNs	MSNs			
41	MSMs	NsNs	59	MsNs	MSNs	77	MSNs	NsNs			
42	NsNs	MSMs	60	MsNs	MsNS	78	NsNs	MSNs			
43	NsNs	MM. S	61	MsNs	MN. S	79	MsNS	NsNs			
44	NN. S	MsMs	62	MsNs	MN. S	80	NsNs	MN. S			
45	NsNs	MSMs	63	MsNs	MN. S	81	MN. S	NsNs			
46	MM. S	NN. S	64	MN. S	MsNs	82	NsNs	MN. S			

26.4　实验用具

电子计算机

26.5　实验步骤

统计 3 种基因型 MM、MN、NN 的样本观测数，并计算各自的样本频率，得到表 26-2。

表 26-2　3 种基因型的样本数及频率估计值

基因型	父亲	母亲	总计	频率
MM	26	27	53	0.2849
MN	44	51	95	0.5108
NN	23	15	38	0.2043
总计	93	93	186	

估计等位基因 M、N 的频率，并计算标准差。

$$\hat{p}_M = \hat{p}_{MM} + 0.5\hat{p}_{MN} = 0.2849 + 0.5 \times 0.5108 = 0.5403$$

$$s(\hat{p}_M) = \sqrt{\frac{1}{2 \times 186}(\hat{p}_M + \hat{p}_{MM} - 2\hat{p}_M^2)} = 0.0255$$

$$\hat{p}_N = 1 - \hat{p}_M = 0.4597$$

$$s(\hat{p}_N) = \sqrt{\frac{1}{2 \times 186}(\hat{p}_N + \hat{p}_{NN} - 2\hat{p}_N^2)} = 0.0255$$

26.6　实验作业

在群体平衡假设下，根据表 26-1 数据资料计算等位基因 S、s 的频率，并计算相应的标准差。

附录Ⅰ 遗传学常用实验材料的准备和保存

1 玉米

玉米（*Zea mays*，$2n=20$）是遗传学实验中最常用的材料。它的变异类型丰富，易于自交、杂交，繁殖系数高，后代群体大，特别是果穗上籽粒变异性状多，便于观察和统计分析。此外，由于其染色体数目较少，染色体较大且各具特点，易于观察花粉母细胞减数分裂中的染色体行为特征和染色体的结构变异。

1.1 玉米幼穗的取材和保存

用玉米幼穗的花粉母细胞作细胞学上的观察，取材时间很重要。适宜的取材时间是玉米抽穗前 1～2 周的大喇叭口期，此时幼穗的花粉母细胞正处于减数分裂期。取材时用刀片在雄花序所在部位（用手指从喇叭口处向下挤捏叶鞘，有松软感处即是）纵切一刀，用镊子取出花序分枝，若花序先端小穗长 3～4 mm，花药长 2～3 mm 且尚未变黄即可固定。取材时间宜在上午 10～12 时，阴天不宜取样。采集的花序用卡诺氏固定液固定 12～24 h 后，用95％酒精漂洗去除乙酸味，浸入 70％酒精中置冰箱内保存备用。对于有计划种植的染色体数目和结构变异的材料，取材固定时必须一株挂一个牌子，注明材料、行号、株号等，并把同一牌子的号码贴在相应的固定瓶上。通过观察花粉的败育情况，可鉴定出易位杂合体的植株，并用它作父本与正常株杂交，后代用同样的方法保留易位杂合株。易位和倒位材料的留种，必须选用纯合易位株和纯合倒位株。因此必须通过自交，在自交后代将易位纯合株和易位杂合株分期留种保存。

1.2 玉米实验材料的种植

玉米作为实验材料有两个基本要求：一是亲本材料要保纯，二是供观察统计的果穗要大而完整，否则实验结果可能产生较大误差。在实验材料的种植上，应该遵循以下原则。

（1）妥善选择实验地

由于玉米纯合个体生活力较差，因此应选择肥水条件较好的地块种植，并注意与其他玉米地隔离。

（2）播种前制订出计划

对所种的材料或杂交组合，其播种的行号、株号必须详细记录。

（3）实验材料需点播

播种不能太深，用手盖土，出苗后要加强管理，确保壮苗。玉米开花期对高温较敏感，为避免高温期的影响，应选合适的气温和日期播种，并在开花授粉前浇透 1 次水。

（4）注意分期播种，确保花期相遇

例如，在用"有色、非甜"×"无色、甜"自交系间杂交的 F_1 种子作为母本进行测交时，应分期播种，如第 1 期播种材料未能与作为父本的"无色、甜"自交系花期相遇，则 F_1 植株可进行自交，产生 F_2 世代。待第 2 期或第 3 期播种材料花期相遇时，再进行测交产生测交后代。对于测定连锁遗传的材料如"饱满、紫色"（ShShBzBz）×"凹陷、褐色"（shshbzbz）的组合，由于其 F_1 杂合体 ShShBzBz 抽穗较早，而隐性纯合体 shshbzbz 则较晚，因此用 shshbzbz 作父本时应提前 1 周播种，也可对所播种子采取一半浸种，一半不浸种处理，以错开花期。如杂交组合中有多对显性基因材料（例如 A-C-R-Y-B-PL-K-Og-），则该材料必须分 2 期，甚至 3 期播种。由于它是玉米遗传实验的基本材料，留种时必须注意自交隔离保纯，切不能混杂。

（5）雌雄穗抽出后应及时套袋隔离

父本的雄穗在取花粉的前 1 天下午套袋隔离，对于有的杂交后代出现的双穗株，每穗分开套袋隔离。杂交授粉必须 1 株对 1 株，不能混合授粉。每换 1 种材料应对接触花粉的手及其他用品用 70％酒精擦洗。对于自交和测交的分离果穗，应注意予以重复授粉，保证果穗籽粒圆满。

（6）亲本材料应防止混杂变异

为提高生活力，减少种植次数，防止混杂变异，在留种第 1 年采取自交系内姊妹交（1 株对 1 株），第 2 年采取单株自交，这样交替进行。

（7）适时收获

收获的果穗应挂牌，注明材料名称，然后分类晾晒保存。

1.3 玉米分离果穗和亲本材料的保存

收获的杂种或亲本种子，晒干后置于干燥处，如于铁皮箱、石灰缸中保存，注意防虫防霉。另取各亲本材料少量种子置于干燥器中，密闭置 0℃冰箱中保存。

作观察用的分离果穗，晒干后先在烘箱内烘烤，或用 ^{60}Co 产生的 γ 射线照射杀死虫卵，然后放入塑料袋内扎紧保存。也可将玉米果穗表面涂上均匀的薄层清漆，晾干后保存。在晒、藏和实验过程中应尽量保持果穗的完整性。

2 果蝇

果蝇属昆虫纲双翅目果蝇属，为完全变态昆虫。通常作遗传学实验材料的是黑腹果蝇（*Drosophila melanogaster*，$2n=8$）。果蝇常见于果园和水果摊熟透和腐烂的水果上，它作为遗传实验材料有许多优点。

①培养简便。在常温下，以玉米粉等作培养基就可生长、繁殖。

②生活史短，繁殖力强。在最适温度下，果蝇只需 10 d 左右就可完成 1 个世代，每只受精的雌蝇可产卵 400～500 粒，因此在短时间内就可获得大量的子代，便于遗传分析。

③染色体数少，唾腺染色体制片容易，横纹清晰，适宜于作细胞学观察和研究。

④突变性状多，且多数为形态突变，便于通过性状遗传杂交实验及杂交后代的观察和分类统计，验证遗传学的基本规律。

2.1 果蝇的生活史

果蝇整个生活史包括卵、幼虫、蛹和成虫 4 个连续阶段。其生活周期的长短与温度有密切的关系。一般来说，30℃以上温度能使果蝇不育或死亡，低温能使生活周期延长，生活力下降，如在 10℃ 和 15℃ 下幼虫发育为成蝇分别需要 57 d 和 18 d。但在 20℃ 和 25℃ 下，卵到幼虫只分别需要 8 d 和 5 d，而幼虫发育为成蝇只分别需 6 d 和 4 d。一般果蝇饲养的最适温度为 20～25℃，在此温度下果蝇从产卵发育为成蝇需 10 d 左右，成蝇寿命为 26～33 d。

2.2 果蝇培养基的配制

果蝇是以酵母菌作为主要食料，因此实验室内凡能发酵的基质都可用作果蝇培养基，常用的果蝇不同培养基配方见表附 I-1。

表附 I-1 常用果蝇饲养培养基配方

成分	玉米粉培养基	米粉培养基	香蕉培养基
水/mL	150	100	50
琼脂/g	1.5	2	1.6
蔗糖/g	13	10	
香蕉浆/g			50
玉米粉/g	17		
米粉/g		8	
麸皮/g		8	
酵母粉/g	1.4	1.4	1.4
丙酸/mL	1	1	0.5～1

（1）玉米粉培养基

①按表附 I-1 所列的玉米粉培养基各成分的配比（配制量根据所用培养瓶和实验人数而定），先取应加水量的一半，加入琼脂和蔗糖，煮沸使之充分溶解。

②取另一半水混合玉米粉，加热调成糊状。

③将上述两者混合煮沸。

④待稍冷后加入酵母粉及丙酸，充分调匀，最后分装到经灭菌的培养瓶中。

（2）米粉培养基

配制方法同玉米粉培养基，用米粉和麸皮代替玉米粉。

（3）香蕉培养基

①将熟透的香蕉捣碎，制成香蕉浆。

②将琼脂加水煮沸，使之充分溶解。

③将琼脂溶液拌入香蕉浆，煮沸。

④待稍冷后加入酵母粉及丙酸，充分调匀分装。若用酵母菌液代替酵母粉，则应在培养

基分装到培养瓶中后再加入，每瓶加数滴。丙酸的作用是抑制霉菌污染。

2.3 果蝇原种饲养和保存

（1）果蝇饲养用具

果蝇培养常用牛奶瓶、大中型指管或大试管作培养瓶，用纱布包裹棉球作瓶塞，还涉及吸水纸、铁丝网架或支持架等材料。

（2）原种的饲养和保存

将配制好的培养基小心分装到经灭菌的培养瓶中（2 cm 厚），尽可能避免将培养基粘到瓶口和瓶壁上。待培养基冷却后，用 70％酒精棉球擦净培养瓶内壁，然后插入经灭菌的吸水纸，作为幼虫化蛹和成蝇栖息的场所，最后塞上经灭菌的棉塞，备用。培养基装入后，最好过 1～2 d 后移入果蝇。亲本的数量一般每瓶放 5 对，移入时，须将培养瓶横卧，然后用毛笔将麻醉的果蝇从白瓷板上轻轻扫入，待果蝇苏醒后再把培养瓶竖起，以防果蝇粘在培养基上。贴上标签，写明品系名称、饲养日期等。原种每隔 2～4 周换一次培养基（依温度而定）。每一原种培养至少保留两套。夏季要注意避免高温，温度持续 30℃以上时，应将果蝇置于低温设备（10～15℃）中。冬季应将果蝇移入恒温箱中。作原种培养温度可控制在10～15℃，使果蝇生活周期延长，减少转移次数，培养时避免日光直射。原种保存过程中若遇培养基少量发霉，可用烧过的解剖针将霉点挑出。若大量霉菌污染，可把果蝇全部倒在一个经灭菌的空培养瓶中，让它活动 2～3 h，换一培养瓶再活动 1～2 h，然后移入新的培养瓶中继续培养，这样可以防止霉菌污染。原种保存一定要注意防止混杂。培养瓶的棉塞要塞得紧些，不使果蝇逃出，转移果蝇时，防止果蝇飞散。发现原种混杂，应重新引种，或筛选提纯。

3 微生物菌种

微生物菌种保藏的目的，是按人们的不同要求，把从自然界分离到的野生型或经人工选育得到的突变型纯种，使其存活、不丢失、不污染杂菌、不发生或少发生变异，保持菌种原有的各种优良培养特征和生理活性。

3.1 微生物菌种保藏用的培养基

（1）常用的细菌培养基

①BP 液体培养基。5 g 牛肉膏、10 g 蛋白胨、10 g NaCl、5 g 葡萄糖，加水至 1 000 mL，pH 7.2。

②BP 琼脂培养基。3 g 牛肉膏、10 g 蛋白胨、5 g NaCl、15 g 琼脂，加水至 1 000 mL，pH7.2～7.4。

③酵母膏葡萄糖琼脂培养基。10 g 酵母膏、3 g 葡萄糖、15 g 琼脂，加水至 500 mL；另称 10 g $CaCO_3$加水至 500 mL，$CaCO_3$溶液与培养基分别灭菌，然后立即充分混合，并且快速冷却，使 $CaCO_3$均匀地悬浮在凝固的琼脂中。

④甘露醇琼脂培养基。25 g 甘露醇、5 g 酵母膏、3 g 蛋白胨、15 g 琼脂，加水至1 000 mL。

⑤牛肝浸汁培养基。称取 500 g 牛肝，切碎，加水至 1 000 mL，煮沸 1 h（不断搅拌）。

冷却后用纱布过滤，将滤液加水至 1 000 mL，加入 10 g 蛋白胨和 1 g K_2HPO_4，分装后于 $0.55×10^5 Pa$（121℃）下灭菌 30 min。

（2）常用的霉菌保藏培养基

①察贝克琼脂（Czapek agar）培养基。30 g 蔗糖、3 g $NaNO_3$、1 g KH_2PO_4、0.5 g $MgSO_4·7H_2O$、0.5 g KCl、0.01 g $FeSO_4$、$7H_2O$、15 g 琼脂，加水至 1 000 mL。

②马铃薯汁琼脂培养基。将马铃薯去皮洗净，挖去芽眼，切成小片，放在水中（马铃薯∶水＝1∶5）于 80℃下浸泡 1 h，或煮沸 0.5 h（注意不要糊底），用纱布过滤，滤液加水至原来的体积，再按每 100 mL 加蔗糖 1 g、琼脂 1.5 g，自然 pH，于 $1.03×10^5 Pa$（121℃）下灭菌 30 min。

（3）常用的酵母菌保藏培养基

①麦芽汁琼脂培养基。可向啤酒厂购买新鲜麦芽汁或大麦芽；也可自行制备，方法如下：称取大麦 500 g，用水洗净，浸水 6～12 h，置 15℃暗处发芽，上盖两层湿纱布，每日早、中、晚淋水各 1 次，当麦芽长度为麦粒两倍时，停止发芽，摊开晒干。然后取干麦芽磨碎，按 1∶4 的量加水，在 55℃左右的水浴锅中糖化 3～4 h。每隔一定时间用碘液检查有无淀粉反应，若糖化液遇碘显蓝色，说明糖化不彻底，直到天蓝色出现才算糖化完全。再用 4～6 层纱布过滤，滤液加水稀释至 8°Be 成麦芽汁，然后取麦芽汁 2 份、蒸馏水 1 份，再加 2%琼脂，加热熔化，pH6。

②米曲汁培养基。将米曲霉（*Aspergillus oryzae*）接种于大米饭上，于 28℃培养 4 d，制成大米曲。风干后称取 1.0 kg，加水 3 000 mL，保温 60℃数小时，至无淀粉反应（加碘液无蓝色显现）时为止。煮沸，用纱布过滤，将滤液于 $0.55×10^5 Pa$（121℃）下灭菌 20 min，再先后用脱脂棉、滤纸过滤，取得米曲汁。加水调糖度至 8°Be（如糖度不够可加麦芽糖）。加 2%琼脂，加热熔化，分装，于 $1.03×10^5 Pa$（121℃）下灭菌 15 min。

3.2　微生物菌种的保藏方法

（1）暂时保藏法（斜面传代保藏法）

这是作为暂时保藏微生物菌种的最常用方法：把菌种接种到所需要的斜面培养基上，置于最适温度（25～28℃）下，待培养基上出现丰满的菌体细胞或孢子后，置于 5℃的冰箱中保藏。以后，每间隔一定时间重新移种一次，传代保藏，一般致病用的葡萄球菌属、链球菌属、霍乱杆菌属和布氏杆菌属等需每间隔 2 周传代一次；无芽孢细菌每间隔 3～6 个月传代一次；放线菌每间隔 3 个月传代一次；酵母菌和霉菌每间隔 4～6 个月传代一次。

（2）长久保藏法（矿油保藏法）

此法是在菌种斜面培养基或穿刺培养基上加一层液体石蜡。液体石蜡可防止培养基失水干燥，隔绝氧气，使菌种代谢速率降低。具体操作方法如下：

①矿油灭菌。选用优质的无色中性液体石蜡油（相对密度 0.865～0.890），装入三角瓶中，加棉塞湿热灭菌，$1.03×10^5 Pa$（121℃）下灭菌 30 min。然后将液体石蜡油置 40℃烘箱中干燥，以除去在湿热灭菌过程中进入的水汽，经无菌检查后备用。同时准备经灭菌的移液管若干支。

②准备菌种。将培养好的新鲜菌种斜面（斜面以不超过试管的 1/3 为宜），贴好标签，

写上菌种名和移种日期。

③灌注石蜡油。在无菌条件下，用灭菌的移液管吸取无菌液体石蜡油，灌注至已准备好的菌种斜面上，使之掩盖整个斜面并超过斜面顶端 1 cm。

④保藏。将已灌注液体石蜡油的菌种斜面，以直立状态置低温（5℃左右）干燥处保藏。

此法保藏期限 2～10 年不等，一般 2～3 年做一次存活率测定，测定后的原种仍可继续保存。注意矿油易燃，操作时须注意防火。

附录 Ⅱ　常用试剂配制方法

1　化学试剂的规格和使用注意事项

1.1　化学试剂的规格

国产化学试剂分 5 级，其级别名称、代号及用途见表附Ⅱ-1。

表附Ⅱ-1　常用国产化学试剂的规格

级别	名称	代号	标签颜色	用　　途
一级试剂	保证试剂（优质纯）	G. R.	绿色	杂质含量最低，纯度最高，适用于很精密的科学研究和分析工作
二级试剂	分析试剂（分析纯）	A. R.	红色	杂质含量低，纯度高，适用于精确的科学研究和分析工作
三级试剂	化学纯粹试剂（化学纯）	C. P.	蓝色	质量略低于二级试剂，适用于一般的分析实验
四级试剂	实验试剂	L. R.	棕色、黄色或其他	质量较低，但高于工业试剂，适用于一般的定性实验
工业试剂	生物试剂	B. R. 或 C. R		根据说明使用

1.2　化学试剂使用注意事项

①取固体试剂时，必须使用洁净干燥的药勺。如果同时使用几种化学试剂，原则上每瓶试剂应有 1 个药勺，如用同一药勺，应将药勺清理干净后，再取另一种试剂。

②取用试剂后，要及时将瓶塞塞紧，瓶塞不得沾染其他污物或污染桌面，更不能塞错瓶塞。

③试剂一经取出，不得放回原瓶，以免因量器或药勺不清洁而污染整瓶试剂。

④液体试剂，尤其是腐蚀性强的试剂，倾倒时瓶签朝上，以免试剂污染瓶签。

⑤配制试剂所用的玻璃器皿，均应清洗干净。存放试剂的试剂瓶也应清洁干燥。

⑥试剂瓶上应贴标签，写明试剂名称、浓度、配制日期及配制人，为了保护字迹，必要时可在标签上涂上一层石蜡。

⑦原装化学试剂最好存放在专门的药品贮藏柜内。化学药品要分门别类存放，可分为盐类、酸类、碱类、有机溶剂类、生化试剂类、染色剂类等。各类试剂分开排放在专门的橱柜或橱隔里，以便查找和取用。

2 常用溶液的配制方法

2.1 质量分数

质量分数是指溶液中溶质质量与溶液质量之比。

质量分数 ω (m/m) ＝溶质质量（g）/［溶质质量（g）＋溶剂质量（g）］×100％

①用固体试剂配制（以质量计），算式如下：

$$所需固体试剂质量＝配制溶液的质量分数×溶液质量$$
$$所需溶剂质量＝溶液质量－溶质质量$$

例：欲配 16％NaCl 溶液 250 g，需 NaCl 多少克？加水多少克？

配制：所需 NaCl 质量（g）＝16％×250＝40（g）

所需溶剂（水）质量（g）＝250－40＝210（g）

由于水的密度为 1 g/mL，水的质量数约等于其体积数，故用水为溶剂时不必称量，直接量取与质量数相当的体积即可。即称取 40 g NaCl，加 210 mL 水，溶解搅匀后即可。

②用液体试剂配制（以体积计），算式如下：

$$V_2＝（d_1×V_1×\omega_1）/（d_2×\omega_2）$$

式中，ω_1、V_1、d_1 分别表示配制溶液的质量分数、体积和相对密度；ω_2、V_2、d_2 分别表示原液体浓试剂的质量分数、所需体积和相对密度。

例：配制 10％（相对密度 1.08）KOH 溶液 1 000 mL，需要 40％（相对密度 1.41）的 KOH 溶液多少毫升？

配制：$V_2＝（1.08×1\,000×10％）/（1.41×40％）＝191（mL）$

量取 191 mL 40％KOH 溶液，缓缓倒入 809 mL 水中即成。

2.2 体积百分比浓度

体积百分比浓度是指 100 mL 溶液中含有溶质的质量（g），其数学表示式为：

$$体积百分比浓度（\omega/V）＝溶质质量（g）/溶液体积（mL）×100％$$

①用固体试剂配制（以质量计），算式如下：

$$所需固体试剂质量（g）＝配制溶液的体积百分比浓度×溶液体积（mL）$$

例：欲配制 10％KI 溶液 100 mL 需 KI 多少克？

配制：所需 KI 质量（g）＝10％×100＝10（g）

称取 10 g KI，溶于适量水中，再加水稀释至 100 mL 即可。

②用液体试剂配制（以体积计），算式如下：

$$V_2＝（V_1×P_1）/（d_2×\omega_2）$$

式中，V_2 为所需液体试剂的体积（mL）；V_1 为配制溶液的体积（mL）；P_1 为配制溶液的体积百分比浓度；ω_2 为液体试剂的质量分数；d_2 为液体试剂相对密度。

例：配制体积百分比浓度为 5％的氨水 50 mL，需用市售的 28％浓氨水（相对密度 0.903）多少毫升？

配制：$V_2＝（50×5％）/（0.903×28％）＝9.9（mL）$

量取 9.9 mL 28％浓氨水，加水至 50 mL 即可。

2.3 物质的量浓度

物质的量浓度（c）是指单位体积溶液中所含溶质的物质的量数，用符号 c 表示。

物质的量浓度＝溶质的物质的量/溶液的体积。

①用固体试剂配制，算式如下：

$$m_质 = c \times M \times V$$

式中，$m_质$ 为所需溶质的质量（g）；c 为配制溶液的物质的量浓度（mol/L）；V 为配制溶液的体积（L）；M 为溶质的摩尔质量（g/mol）。

例：配制 2 mol/L Na_2CO_3 溶液 500 mL，需 Na_2CO_3 多少克？（Na_2CO_3 的相对分子质量为106）

配制：$m_质 = 2 \times 106 \times 0.5 = 106$（g）

称取 106 g Na_2CO_3，加适量水溶解后，再稀释至 500 mL 即可。

②用液体试剂配制，算式如下：

$$V_2 = cV_1M/\omega_2 d$$

式中，V_2 为所需液体试剂的体积（mL）；V_1 为配制溶液的体积（L）；c 为配制溶液的物质的量浓度（mol/L）；M 为液体试剂中溶质的摩尔质量（g/mol）；ω_2 为液体试剂的质量分数；d 为液体试剂的相对密度。

例：配制 2 mol/L 的硫酸 250 mL，需 95％浓硫酸（相对密度为 1.83）多少毫升？（硫酸摩尔质量为 98 g/mol）

配制：$V_2 = 2 \times 0.25 \times 98/95％ \times 1.83 = 28.2$（mL）

量取 28.2 mL 95％浓硫酸，在不断搅拌下缓缓倒入适量水中，冷却后，加水稀释至 250 mL 即可。

2.4 酒精稀释法

不同浓度的酒精溶液，一般用 95％酒精加蒸馏水稀释而成，可直接用交叉法稀释。其算式如下：

$$所需浓度（％）= V_1 + V_2$$
$$V_1（原液需要量）= 稀释后浓度 \times 100$$
$$V_2（加水量）=（原液浓度 - 稀释后浓度）\times 100$$

例：欲配 70％酒精，需 95％酒精多少毫升？加水多少毫升？

配制：$V_1 = 70％ \times 100 = 70$（mL）

$V_2 =（95％ - 70％）\times 100 = 25$（mL）

量取 70 mL 95％酒精，加蒸馏水 25 mL 即成。

不同浓度的酒精配制常用配比见表附Ⅱ-2。

表附Ⅱ-2　不同浓度的酒精配制

稀释后浓度	原溶液浓度									
	95％	90％	85％	80％	75％	70％	65％	60％	55％	50％
90％	5.6									
85％	11.8	5.9								

（续）

稀释后浓度	原溶液浓度									
	95%	90%	85%	80%	75%	70%	65%	60%	55%	50%
80%	18.8	12.5	6.3							
75%	26.7	20.0	13.3	6.7						
70%	35.7	28.6	21.4	14.3	7.1					
65%	46.2	38.5	30.8	23.1	15.4	7.7				
60%	58.3	50.0	41.7	33.3	25.0	16.7	8.3			
55%	72.7	63.6	54.5	45.5	36.4	27.3	18.2	9.1		
50%	90.0	80.0	70.0	60.0	50.0	40.0	30.0	20.0	10.0	
45%	111.1	100.0	88.9	77.8	66.7	55.6	44.4	33.3	22.2	11.1
40%	137.5	125.0	112.5	100.0	87.5	75.0	62.5	50.0	37.5	25.0
35%	171.4	157.1	142.9	128.6	114.3	100.0	85.7	71.4	57.1	42.9
30%	216.7	200.0	183.3	166.7	150.0	133.3	116.7	100.0	83.3	66.7
25%	280.0	260.0	240.0	220.0	200.0	180.0	160.0	140.0	120.0	100.0
20%	375.0	350.0	325.0	300.0	275.0	250.0	225.0	200.0	175.0	150.0
15%	533.3	500.0	466.7	433.3	400.0	366.7	333.3	300.0	266.7	233.3
10%	850.0	800.0	750.0	700.0	650.0	600.0	550.0	500.0	450.0	400.0

注：表中数值为 100 mL 原溶液中需加的水量。

2.5 常用酸、碱溶液的配制

不同浓度的常用酸碱溶液的配制见表附Ⅱ-3

表附Ⅱ-3 不同当量浓度的常用酸碱溶液的配制

名 称	相对分子质量	相对密度 (d)	含量 (ω/V) /%	配制溶液的浓度（mol/L）*				配制方法
				6	2	1	0.5	
盐酸（HCl）	36.5	1.18	36.0	515.5	171.8	85.9	43.0	量取所需浓度酸，加水稀释成1L
硝酸（HNO$_3$）	63.0	1.39	65.0	418.4	139.5	69.7	34.9	量取所需浓度酸，加水稀释成1L
硫酸（H$_2$SO$_4$）	98.1	1.83	95.0	338.6	112.9	56.4	28.2	量取所需浓度酸，在不断搅拌下，缓缓加入适量水中，冷却后加水至1L
磷酸（H$_3$PO$_4$）	97	1.69	85	409.3	136.4	68.2	34.1	同盐酸
冰乙酸（CH$_3$COOH）	60.05	1.05	70	490.2	163.4	81.7	40.9	同盐酸

（续）

名　称	相对分子质量	相对密度 (d)	含量 (ω/V) /%	配制溶液的浓度（mol/L）*				配制方法
				6	2	1	0.5	
氢氧化钠 (NaOH)	40.0			240.0	80.0	40.0	20.0	称取所需试剂，溶于适量水中，不断搅拌，冷却后用水稀释至 1L
氢氧化钾 (KOH)	56.11			336.7	112.2	56.1	28.1	同氢氧化钠

* 　配制 1L 溶液所需的体积（mL）［固体试剂为质量（g）］。其他浓度的配制可按表中数据按比例折算。

2.6　洗涤液的配制及使用方法

针对仪器和各种器皿污物的性质，可采用不同洗涤液清洗。各种洗涤液的配方及使用方法见表附Ⅱ-4。在使用各种性质不同的洗液时，一定要把上一种洗涤液除去后再用另一种，以免发生相互作用，生成更难洗净的产物。

表附Ⅱ-4　几种常用洗涤液的配制和使用方法

洗涤液	配制方法	使用方法
铬酸洗液	研细的重铬酸钾 20 g，溶于 40 mL 水中，慢慢加入 360 mL 浓硫酸	用于浸泡玻璃器皿，去除器壁残留油污。洗液可重复使用
浓盐酸洗液		用于洗去玻璃器皿中的水垢、碱性物质及某些无机盐沉淀
碱性洗液	10%氢氧化钠水溶液或乙醇溶液	水溶液加热（可煮沸）使用，去除器皿中残留油污，碱-乙醇洗液不要加热
碱性高锰酸钾洗液	4 g 高锰酸钾溶于水中加 10 g 氢氧化钠，用水稀释至 100 mL	清洗油污或其他有机物质，洗后容器污痕处有褐色二氧化锰析出，再用浓盐酸或草酸洗液、硫酸亚铁、亚硫酸钠等还原剂去除
草酸洗液	5～10 g 草酸溶于 100 mL 水中，加数滴浓盐酸酸化	可洗去高锰酸钾的痕迹，必要时可加热使用
30%硝酸溶液		洗涤 CO_2 测定仪及微量滴管。洗滴管时，可先在滴管中加 3 mL 酒精，然后沿管壁缓缓加入 4 mL 浓硝酸，盖住管口洗涤
碘-碘化钾溶液	1 g 碘和 2 g 碘化钾溶于水中，用水稀释至 100 mL	洗涤用过硝酸银滴定液后留下的黑褐色污染物，也可用于擦洗沾过硝酸银的白瓷水槽
5%～10% EDTA-Na₂溶液		加热煮沸可洗涤玻璃器皿内壁沉淀物
尿素洗液		用于洗涤盛蛋白质制剂及血样的容器
有机溶剂	苯、乙醚、丙酮、乙醇等	用于洗涤油脂、脂溶性染料等污痕。二甲苯可洗去油漆等污垢

2.7　常用固定液的配制

对于遗传学实验材料的固定，是要求能快速杀死细胞，尽量保持其当时的自然生活状态，既不皱缩变形，也不能膨胀破坏。同时还需考虑固定后的材料能增强细胞内含物的折光度，并使某些组织或细胞内的某些部分易于着色，便以观察。因此应根据实验目的和实验材料，选用相应的固定液。常用的遗传学实验固定液如下：

（1）酒精固定液（C_2H_5OH）

酒精固定液透入组织能力强，速度快，但易使组织变硬，且收缩剧烈。不适于对染色体的固定，也不适合固定线粒体、高尔基体等含脂类物质多的细胞器。一般固定浓度为70%～100%，保存浓度为70%，如长期保存需与等量甘油混合使用。

（2）福尔马林固定液（HCHO）

福尔马林为36%～38%甲醛溶液。甲醛极易与蛋白质中的氨基结合而使蛋白质变性，故可用于固定和保存动、植物各类标本。适合固定的浓度为10%福尔马林（3.6%～3.8%甲醛溶液），即用10 mL市售的福尔马林加90 mL水。

（3）乙酸固定液（CH_3COOH）

乙酸穿透组织的速度很快。它不能凝固细胞质中的蛋白质，所以组织不会硬化；但能凝固核内蛋白质，故能固定和染色染色质与染色体。适合的固定浓度为0.3%～5%，一般常和酒精、福尔马林、铬酸等液体混合使用。

（4）铬酸固定（H_2CrO_4）

铬酸为三氧化铬的水溶液，易固定各种蛋白质，尤其适合固定核蛋白，可增强核的染色能力，能固定高尔基体和线粒体。因铬酸穿透组织的速度慢，一般需固定一昼夜。适合的固定浓度为0.5%～1%。

（5）锇酸固定液（OsO_4）

锇酸即四氧化锇，是一种价格昂贵的试剂。溶于水，水溶液极易还原成黑色而失效。防止锇酸水溶液还原的方法是将2%锇酸与2%铬酸混合，或在100 mL的1%锇酸中加10滴5%升汞。锇酸能使蛋白质成均匀的胶状而不发生沉淀，并能防止经酒精固定时发生的凝固。锇酸穿透速度很慢，因此固定材料切得越小越好。经锇酸固定的组织，能增强染色质对碱性染料的着色能力，而减弱细胞质的着色能力。锇酸是类脂物质最好的固定剂，但因价格昂贵而只用于电镜切片观察的超薄切片。

（6）卡诺氏固定液（Carnoy's fluid）

配方Ⅰ：纯酒精3份＋冰乙酸1份；配方Ⅱ：纯酒精6份＋冰乙酸2份＋氯仿3份。配方Ⅰ适用于细胞核内DNA固定，配方Ⅱ适用于昆虫卵、蛔虫卵及植物组织的固定。固定时间为1～24 h。长期保存需转移到70%酒精溶液中。

2.8　常用染色液的配制

（1）洋红（fuchsin）

洋红又称胭脂红或卡红。先将雌性胭脂虫干燥、磨碎提取得粗制品，再和明矾一起煮沸后除去其中的杂质，即为洋红。洋红溶液的染色效力可保持数年，如出现混浊现象可过滤后再用。洋红为细胞核的优良染料，染色的标本不易褪色。洋红的渗透力强，特别适宜于动、植物小型材料的整体染色。常用的洋红染色剂有以下几种：

①贝林氏（Belling's）铁乙酸洋红。配方：1 g 洋红＋90 mL 冰乙酸＋110 mL 蒸馏水＋氢氧化铁溶液数滴。配法：取 90 mL 冰乙酸，加入 110 mL 蒸馏水，加热煮沸后移去火焰，立即加入 1 g 洋红，搅拌，使其溶解；冷却后过滤，加氢氧化铁（媒染剂）溶液数滴，至呈现葡萄酒色为止。注意加铁不能太多，否则会使洋红沉淀。此染色剂兼有杀死和固定作用，对新鲜组织的核染色较好。常用于花粉母细胞、无脊椎动物的精巢和卵细胞的染色。

②硼砂洋红。也称酒精硼砂洋红。配方：100 mL 4％硼砂水溶液＋2～3 g 洋红＋100 mL 70％酒精。配法：在 100 mL 4％硼砂水溶液中加入 2～3 g 洋红粉末，加热煮沸 0.5 h。静置 3 d 后加入等量的 70％酒精，混匀，再静止 24 h 后过滤即可。此染色剂适用于一般动、植物的整体染色，主要为核染剂，胞浆亦能着色，但较浅。染色时间 3～4 d；染色后用酸酒精（100 mL 70％酒精中加入 3～5 滴盐酸）分色，直到颜色鲜明为止。

③梅耶氏（Mayer's）明矾洋红。配方：1 g 洋红酸＋10 g 明矾（硫酸铝铵）＋200 mL 蒸馏水。配法：将明矾放入水中加热溶解，再加入洋红酸，使其溶解。冷却过滤后加入 0.2 g 水杨酸或麝香草酚防腐。此液可长期染色，无染色过度之弊。适用于藻类、吸虫等，又能适合各种固定液的染色。

（2）苏木精（hematoxylin）

苏木精是由豆科木本植物苏木提取而得，为最常用的染料之一。苏木精不能直接染色，配好的苏木精溶液应暴露于通风之处，经一段时间后，逐渐氧化成为氧化苏木精（苏木素，hematein）后才能应用，这个氧化过程称为成熟。苏木精染液自然氧化成熟的时间越长，染色力越强。但若急需，可加入强氧化剂，如氟化汞、高锰酸钾、过氧化氢等来加速氧化，可随配随用。但放置时间长，效果反而减弱。苏木精染液需配合适当的媒染剂以增强它对组织的亲和力，才能起染色作用。苏木素不仅是细胞核的优良染剂，且具有多色着色性质，经一定的分色作用后，在同一张切片组织中，从蓝色到红色之间，分化出若干中间性色彩。而且所染的颜色，与媒染剂的性质及其后的处理方法有关。若经酸性溶液（如盐酸酒精）分化则呈现红色，但经水洗后，仍可回复青蓝色；若经碱性溶液（如氨水）分化则为蓝色，水洗后呈蓝黑色。苏木精的配制方法很多，常用的有以下几种：

①海登汉氏（Heidenhain's）铁苏木精。配方：A 液，2～4 g 铁铵明矾（硫酸铁铵）＋100 mL 蒸馏水；B 液，5 mL 10％苏木精酒精溶液＋100 mL 蒸馏水。配法：A 液为媒染剂，易起变化，应在用时配制。铁铵明矾为紫色结晶，若呈黄色就不能用。A 液配制后，需用黑纸包好，放在冰箱中，以防沉淀物出现在瓶壁上。如有沉淀发生，使用时必须过滤。A 液也可按下列配方配制成永久贮存液：15 g 铁铵明矾（紫色结晶）＋0.6 mL 硫酸＋5 mL 冰乙酸＋500 mL 蒸馏水。B 液为染液，需在使用前 6 周配制。将 0.5 g 苏木精溶解于 5 mL 95％酒精中，置于有瓶塞的瓶内让它充分氧化，用时再加 100 mL 蒸馏水。此液配妥后可保存 3～6 个月。苏木素在高温下易水解，在液面上形成一金属薄膜，溶液由原来的深红色变为棕色，此时溶液就不能再用。注意：A 液和 B 液不能混合，就是在使用时也不能混合，而是单独使用。此液使染色质、核仁、线粒体呈现深蓝乃至黑色。

②德拉菲氏（Delafield's）苏木精。配方：A 液，1 g 苏木精＋6 mL 无水酒精；B 液，100 mL 硫酸铝铵饱和溶液；C 液，25 mL 甘油＋25 mL 甲醇。配法：将 A 液逐滴滴入 B 液

中，边加边搅拌然后装入广口瓶中，瓶口束以细纱布，放在光线充足、空气流通处7～10 d；将上述溶液过滤后，加入C液，静置1～2个月，至混合液变成深黑色为止。过滤后塞紧瓶口，置阴凉处，可长期保存使用。使用时可将染剂1份，加3～5份蒸馏水稀释，则染色后分化更明显（通常用酸酒精进行脱色和分化）。此液是染色质及植物纤维素壁的优良染色剂。

③埃利希氏（Ehrlich's）苏木精。配方：1 g苏木精＋50 mL 95％酒精＋5 mL冰乙酸＋50 mL甘油＋5 g左右（饱和量）硫酸铝钾＋50 mL蒸馏水。配法：将苏木精溶于约15 mL的酒精中，再加冰乙酸，搅拌，以加速溶解过程。当苏木精溶解后将甘油倒入，摇动容器，并加入其余的酒精。将明矾放在研钵中研碎并加热，然后将其溶解于水中。将温热的明矾溶液逐滴地加入上述染色剂中，并随时搅拌。混合后染色液呈淡红色。将瓶口用一层纱布包着小块棉花塞起来，放在黑暗通风处，时时摇动以促进其成熟，直到变为深红色为止。成熟时间需2～4周，加入0.3 g碘酸钠可立即成熟。此染色液中的冰乙酸有防止组织过染的作用，同时使溶液能长久保存。此液稳定而染色均匀，染核效果良好。适用于藻类、菌类、小型的苔藓植物及无脊椎动物幼虫的整体染色。

④哈里斯（Harris's）苏木精。配方：A液，0.5 g苏木精＋5 mL 95％酒精；B液，10 g明矾或铵矾＋300 mL蒸馏水＋0.25 g氧化汞＋冰乙酸几滴。配法：将0.5 g苏木精溶于5 mL 95％酒精中；将10 g明矾或铵矾放入100 mL蒸馏水中，并加热煮沸；将上述两液混合后煮沸0.5 min，移去火焰，缓缓加入0.25 g氧化汞，用玻璃棒搅和，并在冷水浴中速冷；次日用滤纸过滤，并加入冰乙酸几滴，以加强核的染色。此液配制后可保存1～2个月，对动、植物组织均可使用，特别适用于小型材料的整体染色，染出的色彩良好，细胞核与细胞质分化比较清晰。

⑤梅耶氏（Mayer's）明矾氧化苏木精。配方：1 g氧化苏木精（hematein）＋50 mL 95％酒精＋50 g明矾＋1 000 mL蒸馏水＋麝香草酚少许。配法：将1 g氧化苏木精溶于50 mL 95％酒精中，可略加热促进其溶解；50 g明矾溶于1 000 mL的蒸馏水中；把氧化苏木精液倒入明矾水溶液中，混匀，冷却后过滤，加麝香草酚少许，防腐。此液配好后可立即使用，且能长久保存。也可用苏木精代替氧化苏木精，配成梅耶氏明矾苏木精，但需经数月成熟后方可使用。该染色剂对菌、藻植物的细胞核染色特别有效。

（3）酸性品（复）红（acid fuchsin）

配方Ⅰ：水溶液（0.5～1.0 g酸性品红＋100 mL蒸馏水）。配方Ⅱ：酒精溶液（1.0 g酸性品红＋100 mL 70％酒精）。该染料是良好的胞质染色剂，在植物制片中用于染皮层、髓部及纤维素壁。如与甲基绿同染可显示线粒体。在动物方面可用于染结缔组织和神经组织。

（4）碱性品（复）红（basic fuchsin）

配方：A液，0.5～1.0 g碱性品红＋20 mL 95％酒精；B液，1 000 mL蒸馏水。先配A液，后用B液冲淡。该液为最强的一种核染剂，用于核及木质化壁的染色，也可使黏蛋白、弹性组织着色。

（5）酚品红（carbol fuchsin）

又名石炭酸品红。配方：1 g碱性品红＋19 mL无水酒精＋140 mL 5％石炭酸溶液。此液为极优良的细菌染色剂。

附录Ⅲ 不同自由度下的 χ^2 值和 P 值表

表中 P 为概率值，df 为自由度，求得 χ^2 值后，根据相应的自由度（$N-1$，N 表示所观察到的表现型组数），查出 P 值，如 $P>0.05$，就表明观察结果与理论值相符，差异不显著；如果 $P<0.05$，则表明实验结果与理论值不符，差异显著。

df	P								
	0.995	0.975	0.900	0.500	0.100	0.050	0.025	0.020	0.005
1	0.000	0.000	0.016	0.455	2.706	3.841	5.024	6.635	7.879
2	0.010	0.051	0.211	1.386	4.605	5.991	7.378	9.210	10.597
3	0.072	0.216	0.584	2.366	6.251	7.815	9.348	11.345	12.838
4	0.207	0.484	1.064	3.357	7.779	9.488	11.143	13.277	14.860
5	0.412	0.831	1.610	4.351	9.236	11.070	12.832	15.086	16.750
6	0.676	1.237	2.204	5.348	10.645	12.592	14.449	16.812	18.548
7	0.989	1.690	2.833	6.346	12.017	14.067	16.013	18.475	20.278
8	1.344	2.180	3.490	7.344	13.362	15.507	17.535	20.090	21.955
9	1.735	2.700	4.168	8.343	14.684	16.919	19.023	21.666	23.589
10	2.156	3.247	4.865	9.342	15.987	18.307	20.483	23.209	25.188
11	2.603	3.816	5.578	10.341	17.275	19.675	21.920	24.725	26.757
12	3.074	4.404	6.304	11.340	18.549	21.026	23.337	26.217	28.300
13	3.565	5.009	7.042	12.340	19.812	22.362	24.736	27.688	29.819
14	4.075	5.629	7.790	13.339	21.064	23.685	26.119	29.141	31.319
15	4.601	6.262	8.547	14.339	22.307	24.996	27.488	30.578	32.801
16	5.142	6.908	9.312	15.338	23.542	26.296	28.845	32.000	34.267
17	5.697	7.564	10.085	16.338	24.769	27.587	30.191	33.409	35.718
18	6.265	8.231	10.865	17.338	25.989	28.869	31.526	34.805	37.156
19	6.844	8.907	11.651	18.338	27.204	30.144	32.852	36.191	38.582
20	7.434	9.591	12.443	19.337	28.412	31.410	34.170	37.566	39.997
21	8.034	10.283	13.240	20.337	29.615	32.670	35.479	38.932	41.401
22	8.643	10.982	14.042	21.337	30.813	33.924	36.781	40.289	42.796
23	9.260	11.688	14.848	22.337	32.007	35.172	38.076	41.638	44.181
24	9.886	12.401	15.659	23.337	33.196	36.415	39.364	42.980	45.558
25	10.520	13.120	16.473	24.337	34.382	37.652	40.646	44.314	46.928
26	11.160	13.844	17.292	25.336	35.563	38.885	41.923	45.642	48.290
27	11.808	14.573	18.114	26.336	36.741	40.113	43.194	46.963	49.645

（续）

df	P								
	0.995	0.975	0.900	0.500	0.100	0.050	0.025	0.020	0.005
28	12.461	15.308	18.939	27.336	37.916	41.337	44.461	48.278	50.993
29	13.121	16.047	19.768	28.336	39.088	42.557	45.722	49.588	52.336
30	13.787	16.791	20.599	29.336	40.256	43.773	46.979	50.892	53.672
31	14.458	17.539	21.434	30.336	41.422	44.985	48.232	52.192	55.003
32	15.135	18.291	22.271	31.336	42.585	46.194	49.481	53.486	56.329
33	15.816	19.047	23.110	32.336	43.745	47.400	50.725	54.776	57.649
34	16.502	19.806	23.952	33.336	44.903	48.602	51.966	56.061	58.964
35	17.192	20.570	24.797	34.336	46.059	49.802	53.203	57.342	60.275
36	17.887	21.336	25.643	35.336	47.212	50.998	54.437	58.619	61.582
37	18.586	22.106	26.492	36.335	48.363	52.192	55.668	59.893	62.884
38	19.289	22.879	27.343	37.335	49.513	53.384	56.896	61.162	64.182
39	19.996	23.654	28.196	38.335	50.660	54.572	58.120	62.428	65.476
40	20.707	24.433	29.051	39.335	51.805	55.758	59.342	63.691	66.766
41	21.421	25.215	29.907	40.335	52.949	56.942	60.561	64.950	68.053
42	22.139	25.999	30.765	41.335	54.090	58.124	61.777	66.206	69.336
43	22.860	26.786	31.625	42.335	55.230	59.304	62.990	67.460	70.616
44	23.584	27.575	32.487	43.335	56.369	60.481	64.202	68.710	71.893
45	24.311	28.366	33.350	44.335	57.505	61.656	65.410	69.957	73.166
46	25.042	29.160	34.215	45.335	58.641	62.830	66.617	71.202	74.437
47	25.775	29.956	35.081	46.335	59.774	64.001	67.821	72.443	75.704
48	26.511	30.755	35.949	47.335	60.907	65.171	69.023	73.683	76.969
49	27.250	31.555	36.818	48.335	62.038	66.339	70.222	74.920	78.221
50	27.991	32.357	37.669	49.335	63.167	67.505	71.420	76.154	79.490

附录Ⅳ 植物单倍体培养的常用培养基

成分	W14	MS	B$_5$	Nitsch	N$_6$
NH$_4$NO$_3$	20.0	1 650.0		720.0	
NH$_4$H$_2$PO$_4$	3.8				
K$_2$SO$_4$	7.0				
KNO$_3$		1 900.0	2 527.5	950.0	2 830.0
CaCl$_2$ · 2H$_2$O	1.4	440.0	150.0		166.0
CaCl$_2$				166.0	
MgSO$_4$ · 7H$_2$O	2.0	370.0	246.5	185.0	185.0
KH$_2$PO$_4$		170.0		68.0	400.0
(NH$_4$)$_2$SO$_4$			134.0		463.0
NaH$_2$PO$_4$ · H$_2$O			150.0		
KI	0.05	0.83	0.75		0.8
H$_3$BO$_3$	0.3	6.2	3.0	10	1.6
MnSO$_4$ · 4H$_2$O		22.3		25.0	4.4
MnSO$_4$ · H$_2$O	0.8		10.0		
ZnSO$_4$ · 7H$_2$O	0.3	8.6	2.0	10.0	1.5
Na$_2$MoO$_4$ · 2H$_2$O	0.000 5	0.25	0.25	0.25	
CuSO$_4$ · 5H$_2$O	0.002 5	0.025	0.025	0.025	
CoCl$_2$ · 6H$_2$O	0.002 5	0.025	0.025		
FeSO$_4$ · 7H$_2$O	27.8	27.8		27.8	27.8
Na$_2$-EDTA · 2H$_2$O	37.3	37.3		37.3	37.3
Fe · EDTA			28.0		
肌醇		100.0	100.0	100	
烟酸	0.5	0.5	1.0	5	05
盐酸吡哆醇	2.0	0.5	1.0	0.5	0.5
盐酸硫铵素	0.5	0.1	10.0	0.5	1.0
甘氨酸	2.0	2.0		2.0	2.0
叶酸				0.5	
生物素				0.05	
蔗糖	100.0	30.0	20.0	20.0	50.0

附录Ⅴ 遗传学实验室所需药品

表附Ⅴ-1 常用无机化学试剂及主要特性

试剂名称	英文名	分子式	相对分子质量	主要特性
活性炭	active carbon			黑色粉末。不溶于任何溶剂。为吸附剂和脱色剂。密封保存
硫酸银	argentum sulfate	Ag_2SO_4	311.79	白色固体。见光变黑。易溶于硝酸、氨水和浓硫酸，微溶于水。避光保存
氯化铝	aluminium chloride	$AlCl_3 \cdot 6H_2O$	241.43	白色或淡黄色固体。易潮解，溶于水、醇和醚。防潮、密封保存
氢氧化铝	aluminium hydroxide	$Al(OH)_3$	78.00	白色粉末。溶于无机酸和碱溶液，不溶于水和醇。是典型的两性氢氧化物
硝酸铝	aluminium nitrate	$Al(NO_3)_3 \cdot 9H_2O$	375.13	白色固体，有潮解性。溶于水和醇。与有机物加热会燃烧并爆炸。密封保存
硫酸铁铵	ammonium ferric sulfate	$NH_4Fe(SO_4)_2 \cdot 12H_2O$	484.18	浅紫色结晶。易风化，溶于水，不溶于醇。避光、密封保存
硝酸铵	ammonium nitrate	NH_4NO_3	80.04	无色结晶。有吸湿性。溶于水，微溶于醇。置阴凉处密封防潮保存
过硫酸铵	ammonium persulfate	$(NH_4)_2S_2O_6$	228.20	无色结晶。常温下较稳定，但其水溶液能缓慢水解生成过氧化氢。置阴凉处密封保存
硫酸铵	ammonium sulfate	$(NH_4)_2SO_4$	132.14	白色结晶。易溶于水，不溶于醇和丙酮。避光、防潮、密封保存
氢氧化铵（氨水）	ammonium hydroxide	NH_4OH	35.05	无色液体。呈强碱性，能混溶于醇、醚，有腐蚀性。置阴凉处密封保存
氯化银	argentic chloride	$AgCl$	143.32	白色固体。见光变紫并逐渐变黑。溶于氨水、浓盐酸等，不溶于水、醇和稀酸。避光保存
硝酸银	argentum nitrate	$AgNO_3$	169.87	无色结晶。易溶于氨水；溶于水和醇等。对蛋白质有凝固作用，对皮肤有腐蚀作用。有毒
氢氧化钡	barium hydroxide	$Ba(OH)_2$	171.35	白色固体。溶于水，微溶于酒精和碱溶液，水溶液呈碱性。能吸收 CO_2，有毒。密封保存
硝酸钡	barium nitrate	$Ba(NO_3)_2$	261.35	白色固体，溶于水，不溶于醇。与有机物等摩擦或撞击能引起燃烧或爆炸。有毒。密封保存

（续）

试剂名称	英文名	分子式	相对分子质量	主要特性
漂白粉	bleaching powder	$Ca(OCl)_2$	142.99	白色粉末，有氯臭味，一般含有效氯约35%。暴露于空气中易分解，遇水或酒精也分解。密封贮存
硼酸	boric acid	H_3BO_3	61.83	无色结晶。溶于水、酒精等，水溶液呈弱酸性
氯化钙	calcium chloride	$CaCl_2$	110.99	白色多孔性熔块或颗粒。易吸潮，溶于水、醇、丙酮和乙酸。防潮、密封保存
氯化钙	calcium chloride	$CaCl_2 \cdot 6H_2O$ $CaCl_2 \cdot 2H_2O$	219.08 147.08	六水氯化钙为无色结晶。加热先失4个水变成二水氯化钙，为白色多孔吸湿性物质。易潮解，溶于水和醇。置于阴凉处密封保存
氢氧化钙	calcium hydroxide	$Ca(OH)_2$	74.09	白色固体。溶于酸和氯化铵溶液，微溶于水，不溶于醇，水溶液呈碱性。能吸收CO_2。密封保存
硝酸钙	calcium nitrate	$Ca(NO_3)_2 \cdot 4H_2O$	236.15	无色结晶。易潮解。溶于水、丙酮和醇。与有机物等摩擦或撞击能引起燃烧或爆炸。防潮、密封保存
硫酸钙	calcium sulfate	$CaSO_4$	136.14	无色固体。易吸潮。溶于铵盐、硫代硫酸钠、氯化钠等溶液，不溶于水和醇
硫酸钙	calcium sulfate	$CaSO_4 \cdot 2H_2O$	172.17	无色固体。溶于铵盐、硫代硫酸钠、氯化钠等溶液，不溶于水和醇
氯化钴	cobalt chloride	$CoCl_2 \cdot 6H_2O$	237.93	紫红色结晶。易溶于水和醇。密封保存
硫酸铜	cupric sulfate	$CuSO_4$	159.60	白色固体。易吸潮，溶于水，不溶于醇。有毒。防潮、密封保存
硫酸铜	cupric sulfate	$CuSO_4 \cdot 5H_2O$	249.68	蓝色固体。易溶于水，微溶于醇。密封保存
氯化铜	cuprum chloride	$CuCl_2$	134.45	棕黄色粉末。易潮解。溶于水、醇、丙酮和热硫酸。有毒。密封保存
氯化铜	cuprum chloride	$CuCl_2 \cdot 2H_2O$	170.48	浅蓝色结晶。极易潮解。易溶于水、酒精和甲醇。有毒。防潮、密封保存
硝酸铜	cuprum nitrate	$Cu(NO_3)_2 \cdot 3H_2O$	241.60	蓝色结晶。易潮解。溶于水和醇。与炭末、硫黄等加热、摩擦或撞击能引起燃烧或爆炸，产生有毒的过氧化氮。防潮密封保存
硫酸铁	ferric sulfate	$Fe_2(SO_4)_3$	399.87	浅黄色固体。溶于水和醇。避光、防潮、密封保存
磷酸	Phosphoric acid	H_3PO_4	98.00	无色透明的黏稠状液体。有腐蚀性。密封保存
硫酸汞	mercury sulfate	$HgSO_4$	296.65	白色固体。溶于盐酸和热的稀硫酸。不溶于醇，遇水分解。有毒。避光保存
浓盐酸	hydrochloric acid	HCl	33.46	无色透明的氯化氢水溶液。强酸，有腐蚀性

（续）

试剂名称	英文名	分子式	相对分子质量	主要特性
过氧化氢（双氧水）	hydrogen dioxide	H_2O_2	34.01	无色液体。能与水、醇混溶。水溶液弱酸性，有氧化和腐蚀性。阴凉密封保存
碘	iodine	I_2	153.81	灰色结晶，易溶于酒精、醚和金属的碘化物溶液，难溶于水。与淀粉作用显深蓝色。有腐蚀性，有毒
氯化铁	iron chloride	$FeCl_3$	162.21	棕黑色固体；六水氯化铁为棕黄色结晶。极易潮解。易溶于水、醇等。防潮、置阴凉处密封保存
氯化亚铁	iron dichloride	$FeCl_2 \cdot 4H_2O$	198.88	蓝色结晶。易潮解。溶于水、酸和酒精。避光、防潮、置阴凉处密封保存
硫酸亚铁	iron ferric sulfate	$FeSO_4 \cdot 7H_2O$	278.02	浅绿色固体。溶于水，不溶于醇。防潮、密封保存
硝酸铁	iron nitrate	$Fe(NO_3)_3 \cdot 9H_2O$	404.00	浅紫色固体。易潮解。溶于水和醇。防潮、密封保存
二氯化镁	magnesium chloride	$MgCl_2 \cdot 6H_2O$	203.30	白色固体。易潮解。溶于水和醇。密封保存
硫酸镁	magnesium sulfate	$MgSO_4$	120.37	无色固体。易溶于水和甘油，微溶于乙醇
硫酸镁	magnesium sulfate	$MgSO_4 \cdot 7H_2O$	246.48	无色固体。易溶于水，缓溶于甘油，微溶于醇
二氯化锰	manganese chloride	$MnCl_2 \cdot 4H_2O$	197.91	浅红色结晶。有潮解性。易溶于水和醇。防潮、密封保存
硝酸锰	manganese nitrate	$Mn(NO_3)_2 \cdot 6H_2O$	287.04	粉红色固体。有潮解性。易溶于水和稀酸。防潮、密封保存
氯化汞（升汞）	mercury bichloride	$HgCl_2$	271.52	白色固体。易溶于水、酒精。常温下微量挥发，遇光逐渐分解。剧毒。避光、密封保存
硝酸镁	magnesium nitrate	$Mg(NO_3)_2 \cdot 6H_2O$	256.43	无色结晶。易潮解。溶于水和醇。与有机物等摩擦或撞击能引起燃烧或爆炸。防潮、密封保存
硝酸	nitric acid	HNO_3	63.01	无色透明液体。见光或露置会产生氧化氮而变黄。强酸，有腐蚀性。避光、密封保存
硫酸氢钾	potassium bisulfate	$KHSO_4$	136.16	白色结晶。易潮解。溶于水，溶液呈强酸性。防潮、密封保存
碳酸氢钾	potassium bicarbonate	$KHCO_3$	100.12	白色固体。溶于水和碳酸钾溶液，不溶于水
碳酸钾	potassium carbonate	K_2CO_3	138.21	白色固体。有吸湿性。溶于水，不溶于醇。密封保存
氯化钾	potassium chloride	KCl	74.56	白色固体。溶于水和甘油，难溶于醇
重铬酸钾	potassium dichromate	$K_2Cr_2O_7$	294.21	黄色结晶。溶于水，溶液呈碱性，不溶于醇。有毒、有氧化性

（续）

试剂名称	英文名	分子式	相对分子质量	主要特性
氢氧化钾	potassium hydroxide	KOH	56.1	白色固体。极易吸水潮解，易吸收 CO_2。溶于水和酒精，溶液呈强碱性。密封保存
碘化钾	potassium iodide	KI	166.02	白色固体久置或见光析出碘即变黄。溶于水、醇、丙酮和甘油。防潮、避光保存
硝酸钾	potassium nitrate	KNO_3	101.10	白色固体。有潮解性。溶于水，微溶于醇。与硫和有机物等摩擦或撞击能引起燃烧或爆炸。防潮、密封保存
磷酸二氢钾	monopotassium phosphate	KH_2PO_4	136.09	无色固体。溶于水，不溶于醇
硫酸钾	potassium sulfate	K_2SO_4	174.26	无色结晶。溶于水和甘油，不溶于醇
硅胶	silica gel	主要成分 SiO_2		蓝色或浅蓝色半透明玻璃状的不规则颗粒。在不同的相对湿度下显示不同的颜色，吸水变粉红色，烘干仍为蓝色。用作干燥剂
石英砂	silicon oxide	SiO_2	60.08	无色细小颗粒。溶于氢氟酸，在浓碱溶液中也能缓慢溶解。不溶于水和一般无机酸
亚硝酸钠	sodium nitrite	$NaNO_2$	69.01	白色固体。有潮解性。溶于水，微溶于醇。与硫和有机物等摩擦或撞击能引起燃烧或爆炸。防潮、密封保存
硫酸氢钠	sodium bisulfate	$NaHSO_4$	138.07	无色结晶。易潮解。溶于水，溶液呈强酸性。有腐蚀性。防潮、密封保存
亚硫酸氢钠	sodium bisulfite	$NaHSO_3$	104.07	白色固体。溶于水，微溶于醇。避光、密封贮存
碳酸钠（苏打）	sodium carbonate	Na_2CO_3	105.99	无色粉末。易溶于水，不溶于酒精。防潮、密封保存
碳酸氢钠	sodium bicarbonate	$NaHCO_3$	84.01	白色固体。溶于水，溶液呈弱碱性；不溶于酒精。水溶液加热至 60℃ 以上即放出 CO_2
碳酸钙	calcium carbonate	$CaCO_3$	100.09	白色结晶粉末，溶于酸，不溶于水
氯化钠	sodium chloride	NaCl	58.45	白色固体。溶于水和甘油，不溶于醇和盐酸
氢氧化钠	sodium hydroxide	NaOH	40.00	白色固体。易吸水和 CO_2。溶于水和酒精，溶液呈强碱性。密封保存
次氯酸钠	sodium hypochlorite	NaClO	74.44	浅黄绿色液体。有强氧化性和强碱性，受热（35℃以上）可遇酸分解。有腐蚀性，避光、密封保存，但不宜久贮
硝酸钠	sodium nitrate	$NaNO_3$	85.00	白色固体。溶于水，微溶于醇。与硫和有机物等摩擦或撞击能引起燃烧或爆炸。防潮、密封保存

（续）

试剂名称	英文名	分子式	相对分子质量	主要特性
磷酸氢二钠	disodium hydrogen phosphate	Na_2HPO_4	141.96	白色固体。易吸潮。易溶于水，不溶于醇。防潮、密封保存
磷酸二氢钠	sodium dihydrogen phosphate	$NaH_2PO_4 \cdot 2H_2O$	156.01	白色固体。有潮解性。易溶于水，不溶于醇。密封保存
硫酸钠	sodium sulfate	Na_2SO_4	142.04	无色结晶。有吸湿性。溶于水，不溶于酒精。密封保存
硫酸钠	sodium sulfate	$Na_2SO_4 \cdot 10H_2O$	322.19	无色结晶。溶于水，不溶于酒精。密封保存
四硼酸钠（硼砂）	sodium tetraborate	$Na_2B_4O_7$	201.21	无色固体。有吸湿性。微溶于水。密封保存
硫代硫酸钠	sodium thiosulfate	$Na_2S_2O_3 \cdot 5H_2O$	248.21	白色固体。易溶于水，微溶于醇。受热后失去结晶水。密封保存
浓硫酸	sulfuric acid	H_2SO_4	98.08	无色液体、强酸、有腐蚀性。防潮、密封保存
硫酸锌	zinc sulfate	$ZnSO_4$	161.44	无色固体。易溶于水，溶于甘油，微溶于醇
硫酸锌	zinc sulfate	$ZnSO_4 \cdot 7H_2O$	287.54	无色固体。易溶于水，溶于甘油，微溶于醇
氯化锌	zinc chloride	$ZnCl_2$	136.29	白色固体。极易潮解。易溶于水，也溶于醇。防潮、密封保存
硝酸锌	zinc nitrate	$Zn(NO_3)_2 \cdot 6H_2O$	297.47	无色结晶。易潮解。溶于水和醇。与有机物等摩擦或撞击能引起燃烧或爆炸。防潮、密封保存

表附 V-2　常用有机化学试剂及主要特性

试剂名称	英文名	分子式	相对分子质量	主要特性
乙醛	acetaldehyde	C_2H_4O	44.056	无色液体。久置聚合并发生混浊或沉淀现象，能与水、酒精和乙醚相混溶。易燃
冰乙酸	glacial acetic acid	$C_2H_4O_2$	60.05	无色透明液体。低温下凝结为冰状晶体。能与水、酒精、乙醚等有机溶剂相混溶。有腐蚀性
丙酮	acetone	C_3H_6O	58.08	无色透明易挥发的液体。能与水、醇和多种有机溶剂相混溶。易燃。置阴凉处密封保存
溴化乙酰胆碱	acetylcholine bromide	$C_7H_{16}BrNO_2$	226.12	无色结晶，有潮解性。溶于醇和水，不溶于醚。在热水和碱溶液中分解。防潮、密封保存
碘化乙酰胆碱	acetylcholine iodide	$C_7H_{18}INO_2$	273.12	白色或近白色的结晶性粉末。易吸潮。溶于水和醇。防潮、密封保存
腺嘌呤（硫酸盐）	adenine	$C_{10}H_{10}N_{10} \cdot H_2SO_4 \cdot 2H_2O$	404.36	白色结晶或结晶性粉末。易溶于热水，微溶于冷水。置阴凉处密封保存

（续）

试剂名称	英文名	分子式	相对分子质量	主要特性
腺苷	adenosine	$C_{10}H_{13}N_5O_4$	267.14	无色结晶。溶于水，微溶于醇和醚。置阴凉处密封保存
腺苷一磷酸	adenosine monophosphate，AMP	$C_{10}H_{14}N_5O_7P$	347.12	白色结晶或浅黄色粉末。溶于热水和丙酮，微溶于醇，不溶于醚。置阴凉处防潮密封保存
腺苷二磷酸	adenosine diphosphate，ADP	$C_{10}H_{15}N_5O_{10}P_2$	427.09	白色或浅黄色粉末。有潮解性。易溶于水。置阴凉处防潮、密封保存
腺苷三磷酸	adenosine triphosphate，ATP	$C_{10}H_{16}N_5O_{13}P_3$	507.06	白色结晶。溶于水。置阴凉处防潮、密封保存
琼脂	agar			白色或浅黄色半透明条状物或粉末，缓溶于热水，成糊状，不溶于冷水或醇。置于干燥处保存
L-丙氨酸	L-alanine	$C_3H_7NO_2$	89.10	白色结晶。溶于水，微溶于醇，不溶于醚和丙酮。避光、密封保存
苯胺蓝（醇溶）	aniline blue alcohol solution	$C_{32}H_{25}ClN_3$ $C_{37}H_{38}ClN_3$	486.83 559.88	系二苯基品红碱的氯化物和三苯基副品红碱的氯化物的混合物，为蓝紫色结晶性粉末。溶于醇呈蓝色，加盐酸于此溶液中无变化，其氢氧化钠溶液呈棕红色
蒽酮	anthrone	$C_{14}H_{10}O$	194.15	无色结晶。溶于醇、苯和热氢氧化钠溶液，不溶于水
L-精氨酸	L-arginine	$C_6H_{14}N_4O_2$	174.09	白色结晶。易溶于水，不溶于醇和醚。避光、密封保存
抗坏血酸	ascorbic acid	$C_6H_8O_6$	176.07	白色结晶或结晶性粉末。有酸味。在潮湿空气中易被氧化而变黄。溶于水，微溶于醇，不溶于乙醚、苯、三氯甲烷和石油醚等。密封保存
L-天冬酰胺	L-asparagine	$C_4H_8N_2O_3 \cdot H_2O$	150.13	无色或白色结晶。溶于酸和碱溶液，不溶于醇、醚和苯。避光、密封保存
L-天冬氨酸	L-aspartic acid	$C_4H_7NO_4$	133.10	无色片状结晶。溶于热水和稀酸，不溶于醇
牛肉浸膏	beef extract			黄棕色或暗棕色糊状物。溶于水。密封保存
苯	benzene	C_6H_6	78.11	无色透明液体。能与醇、醚、丙酮和四氯化碳等任意混溶，微溶于水。易燃。有毒。置阴凉处密封保存
联苯胺	benzidine	$C_{12}H_{12}N_2$	184.24	白色或粉红色结晶性粉末。露置空气中或见光变褐色。有毒。微溶于水，易溶于乙酸和稀盐酸。避光、密封保存
6-苄氨基嘌呤	6-benzylaminopurine	$C_{12}H_{11}N_5$	225.25	白色粉末。溶于稀碱、稀酸溶液，不溶于酒精。置阴凉处密封保存

（续）

试剂名称	英文名	分子式	相对分子质量	主要特性
亮绿	brilliant green	$C_{27}H_{33}N_2 \cdot H_2SO_4$	482.37	有金黄色光泽的细小结晶。溶于水和醇。溶液呈绿色。系碱性染料的硫酸盐
溴甲酚绿	bromocresol green	$C_{21}H_{14}Br_4O_5S$	698.01	浅黄色结晶或棕色粉末。溶于酒精和稀碱溶液，不溶于水
溴甲酚紫	bromocresol purple	$C_{21}H_{16}Br_2O_5S$	540.22	浅黄色或浅玫瑰红色结晶性粉末。溶于酒精和稀碱溶液，不溶于水
溴酚蓝	bromophenol blue	$C_{19}H_{10}Br_4O_5S$	669.89	黄色粉末。溶于酒精、醚、苯和稀碱溶液。微溶于水
溴酚红	bromophenol red	$C_{19}H_{12}Br_2O_5S$	512.17	紫红色结晶或粉末。溶于醇和碱溶液，不溶于醚和苯
D-泛酸钙	calcium D-pantothenate	$C_{18}H_{32}CaN_2O_{10}$	476.54	白色结晶或粉末。微吸潮。易溶于水和甘油，微溶于乙醚、酒精、三氯甲烷和丙酮。置阴凉处避光、密封保存
加拿大树胶	canada balsam			黄色透明胶状物。遇冷凝结，受热变成半流体。久置色变深。具有较强的黏结力。折射率近似玻璃。溶于二甲苯。密封保存
洋红	fuchsin	$C_{22}H_{20}O_{13}$	492.38	红棕色粉末。溶于热水、醇和氢氧化钠溶液，不溶于石油醚、苯和三氯甲烷
干酪素（酪蛋白）	casein			白色或浅黄色的蛋白质颗粒或粉末。溶于稀碱和浓酸中，不溶于水和有机溶剂。密封保存
邻苯二酚	catechol	$C_6H_6O_2$	110.11	无色或浅灰色结晶或结晶性粉末。易溶于水、酒精、乙醚和苯。能随水蒸气挥发。有毒。避光保存
纤维素（粉状）	cellulose			白色粉末。不溶于水和稀硝酸，但能被水和碱溶液所润胀
氯酚红	chlorophenol red	$C_{19}H_{12}Cl_2O_5S$	423.26	红色或黄棕色粉末。溶于酒精和碱溶液，微溶于水，不溶于醚和苯。密封保存
胆固醇	cholesterol	$C_{27}H_{46}O$	386.67	白色或浅黄色结晶。溶于醚、丙酮、三氯甲烷、乙酸、乙酯和植物油等，微溶于醇，难溶于水。避光、密封保存
氯化胆碱	choline chloride	$C_8H_{14}ClNO$	139.63	白色结晶，易潮解。易溶于水和醇。水溶液呈中性，不溶于醚、苯和二硫化碳。在碱性溶液中不稳定。防潮、密封保存
柠檬酸	citric acid	$C_6H_8O_7 \cdot H_2O$	210.14	白色结晶或粉末。在空气中风化。易溶于水，不溶于醇
辅酶A	coenzyme A	$C_{21}H_{36}N_7O_{16}P_3S$	767.55	白色或浅黄色冷冻干粉或颗粒，有吸潮性。溶于水和生理盐水，不溶于有机溶剂

（续）

试剂名称	英文名	分子式	相对分子质量	主要特性
辅酶Ⅰ	coenzyme Ⅰ	$C_{21}H_{27}N_7O_{14}P_2$	663.40	白色或浅黄色结晶性粉末。在0.1 mol/L 盐酸中于100℃，8 min 即被破坏50%，在0.1mol/L 氢氧化钠中于20℃，15 min 也被破坏50%。溶于水，不溶于丙酮等有机溶剂
辅酶Ⅱ	coenzyme Ⅱ	$C_{21}H_{28}N_7O_{17}P_3$	746.40	白色粉末。溶于水
秋水仙素	colchicine	$C_{22}H_{25}O_6N$	399.45	白色粉末。溶于水。避光、密封保存
火棉胶	collodion			无色或浅黄色浆状透明液体。为三硝化和四硝化纤维素。溶于醇和醚的混合溶液中。极易燃烧，产生大量有刺酸性的过氧化氮和有毒的氰化氢气体。吸入后重者能引起死亡。避光、密封保存
刚果红	Congo red	$C_{32}H_{22}N_6Na_2O_6S_2$	696.68	红棕色粉末。易溶于热水，溶液呈红色，不溶于有机溶剂。密封保存
结晶紫	crystal violet	$C_{25}H_{30}ClN_3$	408.00	具有金属光泽的暗绿色粉末。溶于水、醇和三氯甲烷，难溶于醚。其水和醇的溶液呈紫色
L-半胱氨酸	L-cysteine	$C_3H_7NO_2S$	121.16	无色结晶。溶于水、酒精、乙酸和氨水。不溶于乙醚、丙酮、乙酸乙酯和苯。在中性或微碱溶液中能被空气氧化成胱氨酸，在酸中稳定。置阴凉处密封保存
L-胱氨酸	L-cystine	$C_6H_{12}N_2O_4S_2$	240.31	白色粉末。溶于酸或碱溶液，微溶于水，不溶于酸
胞嘧啶	cytosine	$C_4H_5N_3O$	111.06	无色结晶。易溶于热水，微溶于冷水
2,4-二氯苯氧乙酸（2,4-D）	2,4-dichlorphenoxyaceticacid	$C_8H_6Cl_2O_3$	221.04	白色结晶性粉末。溶于醇、醚、酮，难溶于水。有毒
乙醚	diethyl ether	$C_4H_{10}O$	74.12	无色透明易挥发的液体。微溶于水，能与醇、苯、三氯甲烷和石油醚等任意混合。见光或久置空气中，逐渐被氧化成过氧化物。有麻醉性。易燃。避光、置阴凉处密封保存
二苯胺	diphenylamine	$C_{12}H_{11}N$	169.23	白色结晶。见光逐渐变色。溶于醇、醚、苯、冰乙酸。不溶于水。避光、密封保存
曙红Y（醇溶）	eosin Y	$C_{20}H_8Br_4O_5$	647.90	橙黄色结晶性粉末。溶于酒精和油类，不溶于水
乙醇	ethanol	C_2H_6O	46.07	无色透明液体。易挥发。能与水、苯、醚等相混溶。为弱极性的有机溶剂。易燃
乙酸乙酯	ethyl acetate	$C_4H_8O_2$	88.11	无色透明易挥发的液体。能与水、醚和酮等相混溶。易燃。置阴凉处密封保存

（续）

试剂名称	英文名	分子式	相对分子质量	主要特性
氨基甲酸乙酯	ethyl carbamate	$C_3H_7NO_2$	89.10	无色或白色结晶。易溶于水、醇、醚和甘油。微溶于三氯甲烷和橄榄油
乙二胺四乙酸（EDTA）	ethylenediamine tetraacetic acid	$C_{10}H_{10}N_2O_2$	292.25	白色结晶性粉末。溶于氢氧化钠、碳酸钠和氨溶液，不溶于冷水和一般有机溶剂
乙二胺四乙酸二钠（Na₂-EDTA）	ethylenediamine tetraacetic acid disodium salt	$C_{10}H_{10}N_2O_2 \cdot Na_2 \cdot 2H_2O$	372.24	白色结晶性粉末。溶于水，溶液呈酸性，难溶于醇
甲醛	formaldehyde	CH_2O	30.01	无色透明液体。含甲醛36%～38%，遇冷聚合变混浊。能与水和酒精任意混合。在空气中能逐渐被氧化为甲酸。避光，密封，16℃以上保存
固绿	fast green FCF	$C_{37}H_{34}N_2Na_2O_{10}S_3$	808.58	白色结晶。溶于水，微溶于醇。不溶于醚。避光、密封保存
叶酸	folic acid	$C_{19}H_{19}N_7O_6$	441.41	黄色结晶性粉末，溶于热水、苯酚、乙酸、盐酸和碱溶液，不溶于酒精、醚、苯、三氯甲烷和丙酮。酸性时，对热和光不稳定
甲酸	formic acid	CH_2O_2	46.03	无色液体。呈强酸性。能与水、醇、醚和甘油任意混溶。有毒，有强腐蚀性
D-果糖	D-fructose	$C_6H_{12}O_6$	280.16	无色结晶或白色粉末。易溶于水，溶于甲醇、酒精和吡啶，微溶于丙酮
品红（酸性）	fuchsin acid	$C_{20}H_{17}N_3Na_2O_9S_3$	585.58	有金属光泽的颗粒或深红色粉末。溶于水，不溶于醇。密封保存
品红（碱性）	fuchsin basic	$C_{20}H_{20}ClN_3$ $C_{19}H_{18}ClN_3$	337.85 323.82	有金属光泽的深绿色结晶。溶于水和醇，不溶于醚。密封保存
6-糖基氨基嘌呤	6-furfuryl aminopurine	$C_{10}H_9N_5O$	215.21	白色结晶。易溶于稀酸和稀碱溶浓，难溶于水、醇、醚和丙酮，在加压下能被硫酸分解为腺嘌呤和乙酰丙酸。置阴凉处密封保存。
D-半乳糖	D-galactose	$C_6H_{12}O_6$	180.16	无色结晶或颗粒状粉末。溶于水和醇，微溶于甘油。密封保存
明胶	gelatin			无色或浅黄色片状或块状物、或白色粉末。在冷水中能膨胀至原质量的5～10倍。溶于热水、甘油和乙酸，不溶于醇、醚和三氯甲烷等有机溶剂
龙胆紫	gentian violet	$C_{25}H_{30}ClN_3$	408.00	具有金属光泽的暗绿色粉末。能溶于水、三氯甲烷和醇，难溶于酸。其水溶液呈紫色
赤霉素	gibberellin	$C_{19}H_{22}O_6$	346.38	白色结晶。溶于酒精、丙酮和乙酸乙酯。密封保存

（续）

试剂名称	英文名	分子式	相对分子质量	主要特性
吉氏染色剂	Giemsa's stain			由Ⅱ号天青（0.8 g）和Ⅱ号天青曙红（0.3 g）混合而成的蓝紫色粉末。使用时，溶于等量的甘油和甲醇中。溶液里蓝色。避光保存
D-葡萄糖	D-glucose	$C_6H_{12}O_6$	180.16	白色结晶性粉末。溶于水，微溶于醇、丙酮。不溶于醚
L-谷氨酸	L-glutamic acid	$C_5H_9NO_4$	147.13	白色结晶性粉末。能溶于水，微溶于醚、醇、丙酮和乙酸
L-谷氨酰胺	L-glutamine	$C_5H_{10}N_2O_3$	146.15	白色结晶。溶于水，难溶于冷酒精，不溶于乙酸、三氯甲烷、乙酸乙酯和冰乙酸。避光、密封保存
谷胱甘肽	glutathione	$C_{10}H_{17}N_3O_6S$	307.32	白色或浅黄色颗粒或粉末。溶于水，不溶于醇、醚和丙酮。水溶液在空气中易被氧化成氧化型的谷胱甘肽。防潮、密封保存
甘油（丙三醇）	glycerine	$C_3H_8O_3$	92.09	无色黏稠状液体。味甜。有强吸湿性。能与水、醇和乙酸乙酯相混溶，不溶于乙醚、苯、二氯化碳、三氯甲烷、四氯化碳和石油醚
甘氨酸	glycine	$C_2H_5NO_2$	75.07	白色或浅黄色结晶。味甜。溶于水，微溶于吡啶，不溶于醇。避光、密封保存
愈创木酚	guaiacol	$C_7H_8O_2$	124.14	无色或浅黄色结晶，受热至32℃以上为油状液体。见光或接触空气颜色逐渐变暗。溶于酒精、乙醚、甘油、三氯甲烷和冰乙酸，微溶于水。遇三氯化铁变蓝色
鸟嘌呤	guanine	$C_5H_6N_6O$	151.13	无色结晶或白色无形粉末。易溶于醇和苛性碱溶液，微溶于醇和醚，不溶于水。置阴凉处密封保存
阿拉伯树胶	gum arabic			白色或浅黄色粉末，或透明细小颗粒。溶于水，溶液有黏性并微带混浊，不溶于醇
苏木精	hematoxylin	$C_{16}H_{14}O_6 \cdot 3H_2O$	353.33	无色或浅黄色结晶。露置空气中颜色变红。溶于热水、热醇、碱、硼砂和甘油，微溶于冷水和醚
L-组氨酸	L-histidine	$C_8H_9N_3O_2$	155.16	无色或白色结晶。在干燥空气中易风化，在潮湿空气中易结块。易溶于水和醇，微溶于醚。防潮、密封保存
吲哚乙酸	indoleacetic acid	$C_{10}H_9NO_2$	175.19	浅棕色结晶性粉末。易溶于热水、酒精、醛和丙酮。不溶于三氯甲烷。避光、密封保存
肌醇	inositol	$C_8H_{12}O_8$	180.16	白色结晶性粉末。易溶于水，不溶于无水酒精和醚

（续）

试剂名称	英文名	分子式	相对分子质量	主要特性
L-异亮氨酸	L-isoleucine	$C_6H_{13}NO_2$	131.18	白色结晶。溶于水和热乙酸，难溶于酒精，不溶于乙醚。密封保存
乳酸	lactic acid	$C_3H_6O_3$	90.08	无色或浅黄色黏稠状液体。能与水、醇、醚相混溶，不溶于三氯甲烷和二硫化碳
乳糖	lactose	$C_{12}H_{22}O_{11} \cdot H_2O$	360.30	白色结晶，为还原糖。溶于水，不溶于醇。密封保存
卵磷脂	lecithin	$C_{44}H_{90}NO_9P$	807.46	黄色易氧化的油脂状物。溶于醇和醚，难溶于丙酮，在任何 pH 下均以两性离子状态存在，所以具有表面活性作用
L-亮氨酸	L-leucine	$C_6H_{13}NO_2$	31.18	白色结晶。溶于水和乙酸，微溶于醇，不溶于醚
L-赖氨酸	L-lysine	$C_8H_{14}N_2O_2$	46.16	白色结晶。在空气中易吸收 CO_2。易溶于水，微溶于醇，不溶于醚，防潮、密封保存
苹果酸	malic acid	$C_4H_6O_5$	134.09	硫酸溶液呈棕黄色，以水稀释后析出蓝色沉淀无色结晶或白色粉末。易溶于水和醇，微溶于醚
麦芽糖	maltose	$C_{12}H_{22}O_{11} \cdot H_2O$	360.31	白色针状结晶。为还原糖，易溶于水，微溶于醇，不溶于醚
甘露醇	mannitol	$C_6H_{14}O_6$	182.18	白色结晶或粉末。有甜味。溶于水微溶于低级酮和胺类，难溶于醚
D-甘露糖	D-mannose	$C_6H_{12}O_6$	180.15	白色结晶或粉末。为还原糖。溶于水，微溶于醇，不溶于醚
间甲酚紫	m-cresol purple	$C_{21}H_{18}O_5S$	982.43	红黄色粉末。易溶于醇和碱溶液，不溶于水
巯基乙酸	mercaptoacetic acid	$C_2H_4O_2S$	92.12	无色透明液体。易被空气氧化。能与水和醇、醚、苯等有机溶剂相混溶
甲醇	methanol	CH_4O	32.04	无色透明液体。能与水、酒精和醚等相混溶。易被氧化成甲醛。有毒，误饮能使眼失明。置阴凉处密封保存
L-甲硫氨酸	L-methionine	$C_5H_{11}NO_2S$	149.21	白色结晶。溶于水和稀醇，不溶于无水酒精、醚和苯
甲基蓝	methyl blue	$C_{37}H_{27}N_3Na_2O_9S_3$	799.80	深蓝色粉末。为强酸性的染色剂。溶于水，呈蓝色，不溶于醇
甲基绿	methyl green	$C_{26}H_{33}Cl_2N_3$	458.48	带有金黄色光泽的绿色细小结晶。溶于水，溶液呈蓝绿色，微溶于醇，不溶于醚
甲基橙	methyl orange	$C_{14}H_{14}N_3NaO_3S$	327.33	橙黄色结晶或结晶性粉末。溶于水和醇，难溶于醚
甲基红	methyl red	$C_{15}H_{15}N_3O_2$	269.31	红紫色结晶。溶于酒精和乙酸，不溶于水。密封保存

（续）

试剂名称	英文名	分子式	相对分子质量	主要特性
2-甲基-8-羟基喹啉	2-methyl-8-hydroxyquinoline	$C_{10}H_9NO$	159.19	白色或浅黄色结晶或粉末。溶于醇，不溶于水
亚甲基蓝	methylene blue	$C_{16}H_{12}ClN_3S \cdot 3H_2O$	373.99	有青铜光泽的深绿色结晶或深褐色结晶性粉末。难溶于冷水和酒精。加热易溶
α-萘酚	α-naphthol	$C_{10}H_9O$	144.17	白色或微带浅粉红色的结晶或粉末。见光变黑。能升华。溶于醇、苯、醚、三氯甲烷和碱溶液，微溶于水。有毒。避光保存
α-萘乙酸	α-naphthylacetic acid	$C_{12}H_{10}O_2$	186.21	白色结晶或结晶性粉末。易溶于热水，溶于酒精、丙酮、醚、三氯甲烷和碱溶液，微溶于冷水。有毒
α-萘胺	α-naphthylamine	$C_{10}H_9N$	143.19	无色结晶或白色粉末。露置空气中逐渐变红。溶于醇和醚，难溶于水。易升华，能随水蒸气挥发。易燃。有毒。避光密封保存
中性树胶	neutral gum			浅黄色透明的油状液体。呈中性反应。凝固后成透明体。溶于二甲苯。不溶于水。密封保存
烟酰胺	nicotinamide	$C_8H_8N_2$	122.13	无色结晶或白色粉末。易溶于水，溶于酒精和甘油。置阴凉处密封保存
烟酸	nicotinic acid	$C_6H_5NO_2$	123.11	白色结晶。易溶于沸水、沸醇，溶于苛性碱、碳酸钠溶液，不溶于醚和脂类
邻甲酚红	cresol red	$C_{21}H_{18}O_5S$	382.43	深红色粉末。溶于稀氢氧化钠溶液和氨水，微溶于醇，不溶于醚、苯和丙酮
草酸	oxalic acid	$C_2H_2O_4 \cdot 2H_2O$	126.07	易溶于水和酒精，难溶于醚，不溶于三氯甲烷和苯。置阴凉处密封保存
D-泛酸	D-pantothenic acid	$C_9H_{17}NO_5$	219.24	无色或浅黄色液体。吸湿性强，易为热酸或碱所破坏。溶于水、乙酸乙酯和冰乙酸，微溶于醚和戊醇，不溶于苯和三氯甲烷
石蜡	paraffin			白色固体。溶于苯、醚、三氯甲烷、二硫化碳和油类，不溶于水和醇
果胶酸	pectic acid			黄色结晶或粉末。溶于氢氧化钠溶液，难溶于水
果胶	pectin			无色或浅黄色粉末。溶于水，溶液呈酸性。在水中扩散时，成为带负电荷的亲水性微粒，性黏稠。加糖和酸则成为胶冻
石油醚	petroleum ether			无色透明液体。不溶于水能与无水酒精、醚、苯和三氯甲烷等有机溶剂相混溶。易燃。置阴凉处密封保存

（续）

试剂名称	英文名	分子式	相对分子质量	主要特性
酚红	phenol reel	$C_{17}H_{14}O_5S$	330.25	深红色结晶性粉末。溶于酒精、氢氧化钠和碳酸钠溶液，不溶于水、三氯甲烷和醚。密封保存
酚酞	phenolphthalein	$C_{20}H_{14}O_4$	318.23	白色或浅黄色结晶性粉末。溶于酒精和碱溶液，不溶于水
L-苯丙氨酸	L-phenylalanine	$C_9H_{11}NO_2$	165.19	白色结晶。溶于水，不溶于醇和酯。避光、密封保存
间苯三酚	phloroglucinol	$C_6H_6O_3 \cdot 2H_2O$	162.14	无色或浅黄色结晶或结晶状粉末。见光色变深。易溶于醇和醚，微溶于水
邻苯二甲酸氢钾	potassium hydrogen phthalate	$C_8H_5KO_4$	204.22	白色结晶性粉末。溶于水，溶液呈酸性，微溶于醇
L-脯氨酸	L-proline	$C_5H_9NO_2$	115.14	无色结晶。具旋光性。有强甜味。易溶于水和酒精，不溶于醚和丁醇
丙醇	propanol	C_3H_8O	60.10	无色液体。能与水，醇、醚相混溶。有毒。易燃
异丙醇	2-propanol	C_3H_8O	66.10	无色液体。能与水，醇、醚相混溶。有毒。易燃
嘌呤	purine	$C_5H_4N_4$	120.11	无色结晶或白色粉末。易溶于水、热醇和甲苯，微溶于热乙酸乙酯、丙酮和醚。置阴凉处密封保存
吡啶	pyridine	C_5H_5N	79.10	无色透明液体。能与水、醇、三氯甲烷和乙醚等溶剂相混溶。能随水蒸气挥发。易燃
嘧啶	pyrimidine	$C_4H_4N_2$	80.09	无色油状液体。有特殊的臭味。易溶于水、醇和醚
丙酮酸	pyruvic acid	$C_3H_4O_3$	88.08	浅黄色液体。见光变深色。易吸潮。能与水、醇、醚相混溶。防潮、避光、密封保存
奎宁	quinine	$C_{29}H_{24}N_2O_2 \cdot 3H_2O$	378.47	白色结晶。味极苦。在热空气中风化。溶于醇、酸、三氯甲烷和碱溶液，不溶于水。避光保存
核黄素	riboflavine	$C_{17}H_{20}N_4O_5$	376.37	黄色或浅黄色结晶性粉末。易溶于稀碱溶液，微溶于水。避光、密封保存
D-核糖	D-ribose	$C_5H_{10}O_5$	150.13	白色结晶性粉末。极易吸潮。溶于水，微溶于醇，不溶于醚和丙酮。密封保存
番红	safranine	$C_{20}H_{19}ClN_4$	850.85	红棕色粉末。易溶于酒精，溶于水。密封保存
水杨酸	salicylic acid	$C_7H_6O_3$	138.12	白色结晶或结晶性粉末。见光变色。溶于醇和醚，微溶于水。避光、密封保存
L-丝氨酸	L-serine	$C_3H_7NO_3$	105.09	白色结晶。溶于水
乙酸钠	sodium acetate	$C_2H_3NaO_2 \cdot 3H_2O$	136.08	无色透明结晶或白色颗粒。在干燥空气中风化。溶于水。置阴凉处密封保存

（续）

试剂名称	英文名	分子式	相对分子质量	主要特性
巴比妥钠	barbital sodium	$C_8H_{11}N_2NaO_3$	206.18	白色结晶或粉末。溶于水，溶液呈碱性，微溶于醇，不溶于醚
酒石酸钾钠	sodium potassium tartrate	$C_4H_4KNaO_6 \cdot 4H_2O$	282.22	无色透明结晶。溶于水，不溶于醇。密封保存
丙酮酸钠	sodium pyruvate	$C_3H_3NaO_3$	110.04	白色结晶或粉末。易溶于水，难溶于酒精、乙醚和乙酸。置阴凉处密封保存
酒石酸钠	sodium tartrate	$C_4H_4Na_2O_6 \cdot 2H_2O$	230.08	无色结晶或结晶性粉末。易溶于水。溶液里弱碱性，溶于醇
琥珀酸	succinic acid	$C_4H_6O_4$	118.09	无色结晶。溶于热水，微溶于酒精、乙醚、丙酮和甘油，不溶于苯、二硫化碳、四氯化碳和石油醚
蔗糖	sucrose	$C_{12}H_{22}O_{11}$	42.30	无色结晶或白色结晶性粉末。易溶于水，微溶于醇。非还原糖
苏丹 III	sudan III	$C_{22}H_{15}N_4O$	352.40	有绿色光泽的棕红色粉末。溶于三氯甲烷，不溶于水
苏丹 IV	sudan IV	$C_{24}H_{20}N_4O$	380.46	深褐色粉末。溶于醇、醚、苯、三氯甲烷、酚和油脂，微溶于丙酮，不溶于水
丹宁酸（鞣酸）	tannic acid	$C_{76}H_{52}O_{40}$	1701.23	黄色成浅棕色粉末，见光或露置空气中逐渐变黑色。溶于水、醇和丙酮。避光、密封保存
L-酒石酸	L-tartaric acid	$C_4H_6O_6$	50.09	无色结晶。溶于水和醇，不溶于醚。
硫胺素	thiamine	$C_{12}H_{17}ClN_4OS \cdot HCl$	337.27	白色结晶性粉末。易溶于水和甲醇，溶于甘油，不溶于酸和苯
L-苏氨酸	L-threonine	$C_4H_9NO_3$	119.12	无色结晶。易溶于水，不溶于无水酒精、醚和三氯甲烷
胸腺嘧啶	thymine	$C_5H_6N_2O_2$	126.11	白色结晶。能升华。易溶于碱溶液，溶于热水
甲苯	toluene	C_7H_8	90.14	无色透明液体。能与酒精、乙醚、丙酮等有机溶剂任意混溶。不溶于水。易燃，有毒。置阴凉处密封保存
水合茚三酮	triketohydrindene hydrate	$C_9H_4O_3 \cdot H_2O$	176.15	白色或浅黄色结晶或结晶性粉末。吸潮结块，见光或露置空气中逐渐变色，溶于水和乙醇；微溶于乙酸和三氯甲烷。避光、密封保存
三羟甲基氨基甲烷	tris (hydroxymethyl) aminomethane	$C_4H_{11}O_3N$	121.09	白色结晶。具强碱性。溶于水，不溶于醚
三氯甲烷	trichloromethane	$CHCl_3$	119.38	具强折光性的无色透明液体。易挥发而不易燃烧。遇阳光或和空气中的氧作用逐渐分解产生光气（碳酰氯），因此一般加从 0.6%～1.0% 的酒精作稳定剂。能与醇、醚、苯等任意混溶，微溶于水。有毒。避光、密封保存

（续）

试剂名称	英文名	分子式	相对分子质量	主要特性
柠檬酸钠	trisodium citrate	$C_6H_5Na_3O_7 \cdot 2H_2O$	294.10	棕黄色结晶或粉末。溶于水
L-色氨酸	L-tryptophan	$C_{11}H_{12}N_2O_2$	204.23	白色结晶。溶于水和热吡啶，微溶于酒精，不溶于酸和三氯甲烷
吐温 60	tween 60			浅黄棕色油状液体，有脂肪味。能与水及多种有机溶剂相混溶，不溶于矿物油和植物油
吐温 80	tween 80			浅粉红色油状液体，其余性状同吐温 60
L-酪氨酸	L-tyrosine	$C_9H_{11}NO_3$	181.19	白色结晶。溶于碱溶液，是有机溶剂中最难溶的氨基酸之一。避光、密封保存
尿嘧啶	uracil	$C_4H_4N_2O_2$	112.09	白色成浅黄色结晶。溶于热水、稀氨水和其他碱类，不溶于醇和醚
L-缬氨酸	L-valine	$C_9H_{11}NO_2$	117.15	白色结晶。溶于水，微溶于乙醇，不溶于醚。避光、密封保存
凡士林	vaseline			白色或黄色的油脂状物。溶于乙醚和正己烷
二甲苯	xylene	C_8H_{10}	106.17	无色透明液体。为三种异构体的混合物。能与酒精、醚和三氯甲烷等相混溶，不溶于水。有毒。易燃
酵母浸膏	yeast extract			棕黄色黏稠物。溶于水，呈黄色或棕色，为弱酸性

附录Ⅵ 遗传学实验室所需仪器设备和用具

1 仪器设备

PCR 仪	紫外线照射箱	恒温水浴锅
冷冻高速离心机	紫外线分析灯	高压蒸汽灭菌锅
离心机	超净工作台	液氮罐
荧光显微镜	半导体制冷器	电子分析天平（1/10 000）
显微摄影显微镜	电泳仪	电子天平（1/100）
生物显微镜	电泳槽	印相放大设备
双筒解剖镜	烘箱	微量进样器
低温冰箱	生化培养箱	计算机
冰箱	恒温箱	计数器

2 用具

放大镜	试剂瓶	海绵板
接目测微尺	饲养瓶	试管架
接物测微尺	麻醉瓶	试管夹
中型试管	载玻片架	试管
剪刀	镊子	刀片
移液管	洗耳球	吸管
铅笔盒	解剖针	接种针
离心管	卧式染色缸	纱布
温度计	立式染色缸	脱脂棉
量筒	酒精灯	吸水纸
漏斗	培养皿	标签纸
搪瓷烧杯	表面皿	滤纸
烧杯	载玻片	火柴
研钵	盖玻片	毛笔
容量瓶	玻璃棒	厘米尺
胶水	玻璃板	橡皮头铅笔
三角烧瓶	白瓷板	

参 考 文 献

白毓谦，方善康，高东，等，1986. 微生物实验技术 ［M］. 济南：山东大学出版社.

北京大学生物系遗传学教研室，1983. 遗传学实验方法和技术 ［M］. 北京：高等教育出版社.

傅焕延，王彦亭，王洪刚，等，1987. 遗传学实验 ［M］. 济南：山东科学技术出版社.

河北师范大学，1983. 遗传学实验 ［M］. 北京：高等教育出版社.

季道藩，1992. 遗传学实验 ［M］. 北京：农业出版社.

金龙金，李红智，刘永章，等，2005. 细胞生物学与遗传学实验指导. ［M］杭州：浙江大学出版社.

李雅轩，赵昕，2006. 遗传学综合实验 ［M］. 北京：科学出版社.

刘祖洞，江绍慧，1979. 遗传学实验 ［M］. 北京：人民教育出版社.

孙如勇，1989. 遗传学手册 ［M］. 长沙：湖南科学技术出版社.

汪德耀，1981. 细胞生物学实验指导 ［M］. 北京：人民教育出版社.

王竹林，2011. 遗传学实验指导 ［M］. 杨凌：西北农林科技大学出版社.

杨大翔，2010. 遗传学实验 ［M］. 2 版. 北京：科学出版社.

余毓君，1991. 遗传学实验技术 ［M］. 北京：农业出版社.

张贵友，吴琼，林琳，2003. 普通遗传学实验指导 ［M］. 北京：清华大学出版社.

张文霞，戴灼华，2007. 遗传学实验指导 ［M］. 北京：高等教育出版社.

郑国锠，1978. 生物显微技术 ［M］. 北京：人民教育出版社.

朱徵，1982. 植物染色体及染色体技术 ［M］. 北京：科学出版社.

朱冬发，2011. 遗传与育种学实验指导 ［M］. 北京：科学出版社.

祝水金，2005. 遗传学实验指导 ［M］. 2 版. 北京：中国农业出版社.

Miller J H, 1972. Experiments in molecular genetics ［M］. New York：Cold Spring Harbor Labo-ratory.

Schleif R F, Wensink P C, 1981. Practical methods in molecular biology ［M］. New York：Verlag.

图书在版编目（CIP）数据

遗传学实验指导 / 祝水金主编 . —3 版 . —北京：
中国农业出版社，2018.6（2023.12 重印）
　普通高等教育农业部"十三五"规划教材　全国高等
农林院校"十三五"规划教材　面向 21 世纪课程教材
　ISBN 978-7-109-24326-2

　Ⅰ. ①遗…　Ⅱ. ①祝…　Ⅲ. ①遗传学－实验－高等
学校－教材　Ⅳ. ①Q3-33

　中国版本图书馆 CIP 数据核字（2018）第 153395 号

中国农业出版社出版
（北京市朝阳区麦子店街 18 号楼）
（邮政编码 100125）
责任编辑　刘梁　宋美仙

————————

北京通州皇家印刷厂印刷　新华书店北京发行所发行
1992 年 5 月第 1 版　2018 年 6 月第 3 版
2023 年 12 月第 3 版北京第 6 次印刷

————————

开本：787mm×1092mm　1/16　印张：10.5
字数：240 千字
定价：27.50 元
（凡本版图书出现印刷、装订错误，请向出版社发行部调换）